QIANRUSHI XITONG SHIYAN JIAOCHENG

嵌入式系统实验教程

(含实验报告)

荀艳丽　张伟岗　编

西北工业大学出版社

【内容简介】 本书是根据"嵌入式系统原理及应用开发"教学大纲要求编写的一本实验教学指导书。全书共 25 个实验,包括了"嵌入式系统原理及应用开发"课程的主要实验内容及相关实验仪器的使用。不同层次不同需要的学生可根据本专业教学要求进行选择,也可自行开发实验内容。部分实验后面附思考题,实验报告单独成册。

本书可作为普通本科、成人高校的通信、电子、自动化、计算机应用等专业的实验教材,也可供相关学生和工程技术人员参考。

图书在版编目(CIP)数据

嵌入式系统实验教程:含实验报告/荀艳丽主编. —增订本. —西安:西北工业大学出版社,2017.8

ISBN 978-7-5612-5524-7

Ⅰ.①嵌… Ⅱ.①荀… Ⅲ.①微型计算机—系统设计—实验—高等学校—教材 Ⅳ.①TP360.21-33

中国版本图书馆 CIP 数据核字(2017)第 204902 号

策划编辑:李 杰
责任编辑:李 杰

出版发行:	西北工业大学出版社	
通信地址:	西安市友谊西路 127 号	邮编:710072
电 话:	(029)88493844,88491757	
网 址:	www.nwpup.com	
印 刷 者:	兴平市博闻印务有限公司	
开 本:	787 mm×1 092 mm	1/16
印 张:	13	
字 数:	325 千字	
版 次:	2017 年 8 月第 1 版	2017 年 8 月第 1 次印刷
定 价:	38.00 元(全 2 册)	

前 言

本书是根据"嵌入式系统原理及应用开发"教学大纲的要求,为了配合教学而编写的一本实验教学指导书,全书共25个实验。其中15个为基于ARM系统资源的实验,10个为Linux操作系统的实验。为了便于学习,书中还"简单介绍了本实验室所采用的实验设备——ARM830+实验平台和开发环境;有1个附录,介绍了启动代码的烧写操作。

作为高等工科学校电子信息类专业的重要技术基础课,"嵌入式系统原理及应用开发"具有很强的实用性和工程指导性,其相应的实验教学对于学生基础理论知识的掌握,基本实验技能、专业技术应用能力、职业素质的培养具有重要作用。为此,在"嵌入式技术实验室"建设和与之配套的《嵌入式系统实验教程》的编写中,考虑了以下的原则和特点:

(1)在实验项目的设计上,采用模块化结构,力求通过不同的实验,使学生掌握更多的嵌入式技术相关概念。

(2)在实验指导内容的编写上,力求做到原理讲述清楚、实验步骤详细,方便教师教学指导和学生自学使用。

(3)实验内容力求有利于学生动手能力和实际技能的培养。本书不仅重视原理和理论,而且注重过程,重视实验方法、思路,重视C语言和汇编语言的混合编程技巧,重视芯片外围电路的设计,重视利用仿真器进行软硬件的联合调试。

(4)注重系统性和全面性,力求使学生对嵌入式技术有一个较为全面的认识,了解嵌入式技术在电子设计中的主导作用,掌握嵌入式开发的方法,为学习后续课程和从事实践技术工作有良好的指导作用。

(5)各实验相互独立,不同层次不同需要的学生,根据本专业课程教学要求自由选择。也可自行开发实验内容。

(6)全书内容丰富,概念清晰,指导性强,既便于教师组织教学,又利于学生自学。

本书可作为普通本科、成人高校的通信、电子、信号检测、自动化、计算机应用等专业的实验教材,也可供相关专业学生和工程技术人员参考。

本书由荀艳丽,张伟岗编写,在编写过程中得到了王维斌和焦库老师的帮助和指导,在此表示衷心感谢。

本书所依据的"嵌入式实验室"为陕西省省级实验教学示范中心项目。在项目的实施过程中得到了学院领导和教学部、电子信息工程系等部门的大力支持和帮助,在此表示衷心感谢。

由于水平有限,书中错误在所难免,恳请读者批评指正。

编 者
2017年8月

目　录

第一部分　基于 ARM 系统资源的实验 …………………………………… 1

实验一　认识 EL - ARM - 830＋实验系统 ……………………………………… 3
实验二　ADS1.2 开发环境创建与简要介绍 …………………………………… 30
实验三　基于 ARM 的汇编语言程序设计简介 ………………………………… 39
实验四　基于 ARM 的 C 语言程序设计简介 …………………………………… 43
实验五　基于 ARM 的硬件 BOOT 程序的基本设计 …………………………… 47
实验六　ARM 的 I/O 接口实验 ………………………………………………… 52
实验七　ARM 的中断实验 ……………………………………………………… 58
实验八　ARM 的 DMA 实验 …………………………………………………… 63
实验九　ARM 的 A/D 接口实验 ………………………………………………… 67
实验十　模拟输入输出接口的实验 ……………………………………………… 72
实验十一　键盘接口和七段数码管的控制实验 ………………………………… 74
实验十二　LCD 的显示实验 …………………………………………………… 76
实验十三　触摸屏实验 ………………………………………………………… 88
实验十四　音频录放实验 ……………………………………………………… 96
实验十五　USB 设备收发数据实验 …………………………………………… 101

第二部分　Linux 操作系统的 ARM 实验 ………………………………… 105

实验一　Linux 实验环境的搭建 ……………………………………………… 107
实验二　BootLoader 引导程序 ……………………………………………… 116
实验三　Linux 的移植、内核、文件系统的编译与下载 ……………………… 120
实验四　Linux 驱动程序的编写 ……………………………………………… 126
实验五　Linux 应用程序的编写与调试 ……………………………………… 130
实验六　基于 Linux 的键盘驱动程序的编写 ………………………………… 132

实验七 基于 Linux 的 LCD 驱动程序的编写 …………………………………… 140
实验八 基于 Linux 的键盘应用程序的编写 …………………………………… 147
实验九 基于 Linux 的基本绘图应用程序的编写 ……………………………… 150
实验十 基于 Linux 的跑马灯应用程序的编写 ………………………………… 155

附录 烧写启动代码 ……………………………………………………………… 157

参考文献 ……………………………………………………………………………… 161

第一部分 基于 ARM 系统资源的实验

实验一　认识 EL‐ARM‐830＋实验系统

一、实验目的

基本了解 EL‐ARM‐830＋实验系统。

二、实验要求

本实验为认识性实验,为后续整个 ARM 实验做准备,要求认真阅读实验内容,了解试验系统的模块化结构,学会实验箱的基本连接和实验软件的基本操作。

三、实验设备与环境

(1) EL‐ARM‐830＋教学实验箱,PentiumⅡ以上的 PC 机,仿真调试电缆。
(2) 计算机,ADS1.2 集成开发环境,仿真调试电缆驱动程序。

四、实验内容

EL‐ARM‐830＋型教学实验系统是一种综合的教学实验系统,该系统采用了 ARM920T 核,32 位微处理器,实现了多模块的应用实验。在实验板上有丰富的外围扩展资源(数字、模拟信号发生器,数字量 IO 输入输出、语音编解码、人机接口等单元),可以完成 ARM 的基础实验、算法实验和数据通信实验、以太网实验。系统组成框图如图 1‐1‐1 所示。

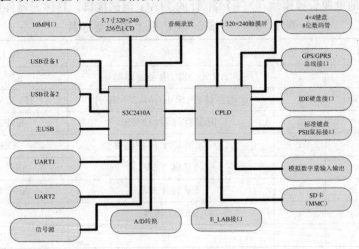

图 1‐1‐1　EL‐ARM‐830＋实验教学系统的功能框图

1. 实验系统的硬件资源总览
(1)CPU 单元:内核 ARM920T,芯片三星的 S3C2410,工作频率最高 202MHz。
(2)动态存储器:64MB,芯片 HY57V561620。
(3)海量存储器:32MB,芯片 K9F5608。
(4)USB 单元:1 个主接口,两个设备接口,芯片 PDIUSBD12。
(5)网络单元: 10/100M 以太网,芯片 AX88796。
(6)UART 单元: 2 个,最高通信波特率 115200bps。
(7)语音单元: IIS 格式,芯片 UDA1341TS,采样频率最高 48 kHz。
(8)LCD 单元: 5.7 寸,256 色,320X240 像素。
(9)触摸屏单元:四线电阻屏,320X240,5.7 寸。
(10)SD 卡单元: 通信频率最高 25MHz,芯片 W86L388D,兼容 MMC 卡。
(11)键盘单元: 4X4 键盘,带 8 位 LED 数码管;芯片 HD7279A。
(12)模拟输入输出单元:8 个带自锁的按键,及 8 个 LED 发光管。
(13)A/D 转换单元:芯片自带的 8 路 10 位 A/D,满量程 2.5V。
(14)信号源单元: 方波输出。
(15)标准键盘及 PS2 鼠标接口。
(16)Tech_V 总线接口。
(17)E_Lab 总线接口。
(18)调试接口:20 针 JTAG。
(19)CPLD 单元。
(20)电源模块单元。

2. 核心板的资源介绍
(1)核心板的硬件资源(ARM920T 核)。
在核心 CPU 板上包括下列单元和芯片:①32 位 ARM920T 的处理器,即三星的 S3C2410 芯片;②两片动态存储器,每片 32M 字节;③一片 32M 字节的 NAND_flash 存储器;④一个 USB 主接口;⑤一个 USB 从接口;⑥一个 10/100M 的以太网控制芯片,完成网络访问功能;⑦一个 UART 接口,完成串口通信,最高波特率率为 115200bps;⑧一个 RTC 实时时钟;⑨一个 5V 转 3.3V 和 1.8V 的电源管理模块;⑩一个 20 针的 JTAG 调试接口。具体元器件见表 1-1-1。

表 1-1-1 核心 CPU 板上的主要芯片

芯片名称	数量	功能	板上标号
S3C2410	1	ARM920T,中央处理器	S3C2410X
HY57V561620	2	动态存储器(SDRAM)32MB/片	HY57V561620
K9F5608	1	海量存储器,32MB	K9F5608U
AX88796	1	10/100M 以太网控制器	AX88796
AS1117-3.3	1	5V 转 3.3V	AS1117-3.3
AS1117-1.8	1	5V 转 1.8V	AS1117-1.8
MAX3232	1	RS232 转换	
IMP811-S	1	复位	IMP811

具体的单元、跳线见表1-1-2。表1-1-3、表1-1-4分别为核心板上各LED指示灯的意义和晶振单元。

表1-1-2 核心CPU板上的单元、跳线

标号	名称	功能
JP1	JTAG复位单元	控制nRESET与nTRST是否接通
AREF SEL	模拟参考电压选择	短接后连接到VDD33,否则接地
3S/4S	3Step与4Step选择	设置Nand Flash的运行模式,选择NCON (CPU引脚)与3Step、4Step连接
RESET	复位键	系统复位按键
P.S	电源插座	电源插座,接5V电源
SW	电源开关	拨向EXT接通,拨向INT断开电源
USB-HOST	主USB单元	主USB
UART0(CROSS/F)	串口0单元	和S3C2410的串口0通信
USB-DEVICE	从USB单元	USB设备
RJ45	网络单元	访问以太网
ARM-JTAG	JTAG插座	20针JTAG插座,用于与宿主机通信
INTERFACE C	功能单元	
INTERFACE B	数据、地址单元	
INTERFACE A	功能单元	

表1-1-3 核心板上的指示灯

标号	名称	功能
PWR	LED灯	电源指示灯
LED1	LED灯	GPI/O口G口的第8位指示
LED2	LED灯	GPI/O口G口的第9位指示

表1-1-4 核心板上的晶振单元

标号	名称	功能
12MHz	CPU主时钟晶振	外接12MHz
32kHz	RTC时钟晶振	外接32.768kHz
25MHz	网络时钟晶振	外接25MHz

(2)核心板资源的具体介绍。
1)电源模块。
在S3C2410 CPU板上由于其内核采用1.8V,I/O接口采用3.3V供电,因此需要将通用

的 5V 转换成 1.8V 和 3.3V。图 1-1-2 为使用 LM1117 电源转换芯片把 5V 转成 3.3V 和 1.8V 的转换电路。

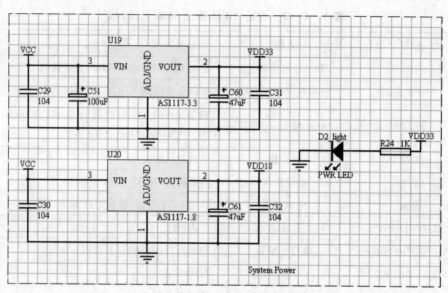

图 1-1-2 电源转换电路

2) NAND_FLASH 海量存储器单元。

该存储单元在板卡上标号为 K9F5608U,选用 32MB 字节的 K9F5608U,8 位数据总线,该芯片由 S3C2410 的相关引脚直接控制,CPU 分配给它的地址空间为 0x0000 0000—0x01ff ffff。启动代码部分则放在从 0x0000 0000 开始的地址空间内。系统将 CPU 的引脚 OM[1:0]设置成 00b,当核心板上电复位时,系统首先将 Nand_Flash 开始的 0~4K 的程序映射到 SteppingStone 区,然后从那里开始执行。Nand_Flash 可以存放数据和程序,但需要特定的指令进行读写。

3) 同步动态存储器单元。

该存储单元在板卡上标号为 HY57V561620。选用两片 8MB 字节的 HY57V561620,32 位数据总线。片选 NSCS6 接两片 HY57V561620 单元作为片选信号,CPU 分配给这两片 HY57V561620 单元的地址空间分别为 0x3000 0000~0x31ff ffff,0x3200 0000~0x33ff ffff,也就是 S3C2410CPU 的 Bank6 区和 Bank7 区。

4) RS232 串口单元。

该存储单元在板卡上标号为 UART0(CROSS/F),选用了 MAX3232 电压转换芯片,进行 PC 机与 CPU 板的串口通讯。它采用收、发、地,三线连接,无握手信号。通过 S3C2410 内部的串口 0 控制器进行控制。

5) 主/从 USB 单元。

该单元在板卡上标号为 USB-HOST 和 USB-DEVICE,通过 S3C2410 内部的 USB 主控制器和 USB 设备控制器进行控制。

6) 网络单元。

该存储单元在板卡上标号为 AX88796,选用了 ASIX 公司的 AX88796 网络芯片,传输速率为10/100M自适应,16位数据总线传输,片选NGCS2接网络单元。CPU分配给AX88796单元的地址空间为 0x1000 0000—0x1800 0000,也就是 S3C2410CPU 的 bank2 区。S3C2410CPU 的外部中断 ExINT2 响应该中断。RJ45 插座上面自带数据传输的指示灯。

为清楚显示核心板上各存储区及单元,见表1-1-5。

表1-1-5 核心板上各存储区及单元一览表

标号	名称	存储区	存储的有效区	容量/B
HY57V561620	同步动态存储器	Bank7	0x3200 0000—0x33ff ffff	32M
HY57V561620	同步动态存储器	Bank6	0x3000 0000—0x31ff ffff	32M
AX88796	网络控制器	Band2	0x1000 0000 后的若干	若干寄存器
NAND_FLASH	海量存储器	Bank0	0x0000 0000—0x01ff ffff	32M

7) JTAG 单元。

JTAG(Joint Test Action Group,联合测试行动小组)是一种国际标准测试协议,主要用于芯片内部测试及对系统进行仿真、调试,JTAG 技术是一种嵌入式调试技术,它在芯片内部封装了专门的测试电路 TAP(Test Access Port,测试访问口),通过专用的 JTAG 测试工具对内部节点进行测试。目前大多数比较复杂的器件都支持 JTAG 协议,如 ARM、DSP、FPGA 器件等。标准的 JTAG 接口是4线:TMS、TCK、TDI、TDO,分别为测试模式选择、测试时钟、测试数据输入和测试数据输出。

通过 JTAG 接口,可对芯片内部的所有部件进行访问,因而是开发调试嵌入式系统的一种简洁高效的手段。目前 JTAG 接口的连接有两种标准,即14针接口和20针接口,EL-ARM-830+核心板上使用的是20针接口。接口定义见表1-1-6。

表1-1-6 JTAG接口定义表

引脚	名称	描述
1	VTref	目标板参考电压,接电源
2	VCC	接电源
3	nTRST	测试系统复位信号
4、6、8、10、12、14、16、18、20	GND	接地
5	TDI	测试数据串行输入
7	TMS	测试模式选择
9	TCK	测试时钟
11	RTCK	测试时钟返回信号
13	TDO	测试数据串行输出
15	nRESET	目标系统复位信号
17、19	NC	未连接

在核心板上，JTAG 的第 1 脚用一黄色的方框标注,当串口、USB 口、网络口向左摆放时,第 1 脚下面的管脚为第 2 脚,它左面的管脚依次为 3,5,…,19;第 2 脚左面的管脚依次为 4,6,…,20。

8) 核心 CPU 板上的外接接口单元。

在 CPU 板上有 INTERFACE A、INTERFACE B、INTERFACE C3 个外扩接口单元,现对这三个接口的引脚加以说明。

INTERFACE B:INTERFACE B 扩展的是地址、数据总线和读写、片选信号,见表 1-1-7。

表 1-1-7 接口 INTERFACE B 的引脚含义表

序号	代号	含义	I/O	备注
1	+5V	+5V 电源		
2	+5V	+5V 电源		
3	LA19	地址线	O	
4	LA18	地址线	O	
5	LA17	地址线	O	
6	LA16	地址线	O	
7	EXA15	地址线	O	
8	EXA14	地址线	O	
9	EXA13	地址线	O	
10	EXA12	地址线	O	
11	GND	地		
12	GND	地		
13	EXA11	地址线	O	
14	EXA10	地址线	O	
15	EXA9	地址线	O	
16	EXA8	地址线	O	
17	EXA7	地址线	O	
18	EXA6	地址线	O	
19	EXA5	地址线	O	
20	EXA4	地址线	O	
21	+5V	+5V 电源		
22	+5V	+5V 电源		
23	EXA3	地址线	O	
24	EXA2	地址线	O	
25	EXA1	地址线	O	
26	EXA0	地址线	O	

续表

序号	代号	含义	I/O	备注
27	LA21	地址线	O	
28	LA20	地址线	O	
29	NC	空脚		
30	NC	空脚		
31	GND	地		
32	GND	地		
33	NC	空脚	空	
34	NC	空脚	空	
35	NC	空脚	空	
36	NC	空脚	空	
37	NC	空脚	空	
38	NC	空脚	空	
39	NC	空脚	空	
40	NC	空脚	空	
41	VDD33	+3.3V电源		
42	VDD33	+3.3V电源		
43	NC	空脚	空	
44	NC	空脚	空	
45	NC	空脚	空	
46	NC	空脚	空	
47	NC	空脚	空	
48	NC	空脚	空	
49	NC	空脚	空	
50	NC	空脚	空	
51	GND	地		
52	GND	地		
53	EXD15	数据线	I/O	
54	EXD14	数据线	I/O	
55	EXD13	数据线	I/O	
56	EXD12	数据线	I/O	
57	EXD11	数据线	I/O	
58	EXD10	数据线	I/O	
59	EXD9	数据线	I/O	

续表

序号	代号	含义	I/O	备注
60	EXD8	数据线	I/O	
61	GND	地		
62	GND	地		
63	EXD7	数据线	I/O	
64	EXD6	数据线	I/O	
65	EXD5	数据线	I/O	
66	EXD4	数据线	I/O	
67	EXD3	数据线	I/O	
68	EXD2	数据线	I/O	
69	EXD1	数据线	I/O	
70	EXD0	数据线	I/O	
71	GND	地		
72	GND	地		
73	LNOE	使能信号	O	
74	LNWE	写信号	O	
75	LNOE	使能信号	O	
76	NWIT	等待信号	I	
77	NC	空脚	空	
78	NGCS0	片选信号	O	
79	GND	地		
80	GND	地		

INTERFACE A：INTERFACE A 扩展外设信号接口：见表1-1-8。

表1-1-8 接口 INTERFACE A 引脚含义表

序号	代号	含义	I/O	备注
1	+12V	+12V 电源		
2	−12V	−12V 电源		
3	GND	地		
4	GND	地		
5	+5V	+5V 电源		
6	+5V	+5V 电源		
7	GND	地		
8	GND	地		

续表

序号	代号	含义	I/O	备注
9	+5V	+5V 电源		
10	+5V	+5V 电源		
11	NC	空脚	空	
12	NC	空脚	空	
13	NC	空脚	空	
14	NC	空脚	空	
15	NC	空脚	空	
16	NC	空脚	空	
17	NC	空脚	空	
18	NC	空脚	空	
19	+3.3V	+3.3V 电源		
20	+3.3V	+3.3V 电源		
21	SPICLK0	SPI 时钟输出	O	CPU 引脚
22	MISO0	SPI 数据输入	I	CPU 引脚
23	nSS0	SPI 片选	O	CPU 引脚
24	MOSI0	SPI 数据输出	O	CPU 引脚
25	GND	地		
26	GND	地		
27	NC	空脚	空	
28	NC	空脚	空	
29	NC	空脚	空	
30	NC	空脚	空	
31	GND	地		
32	GND	地		
33	NC	空脚	空	
34	NC	空脚	空	
35	IISLRCLK	IIS 左右声道时钟	O	
36	IISDO	IIS 数据输出	O	
37	GND	地		
38	GND	地		
39	IISCLK	IIS 输出时钟	O	
40	NC	空脚	空	
41	NC	空脚	空	

续表

序号	代号	含义	I/O	备注
42	IISDI	IIS 数据输入	I	
43	GND	地		
44	GND	地		
45	TOUT0	定时器输出 0	O	
46	TCLK0	定时器时钟输出 0		连接至 CPU 的 TCLK0 引脚
47	NC	空脚	空	
48	EINT1	中断 1	I	外部输入的中断信号，连接到 CPU 的中断
49	TOUT1	定时器输出 1		
50	TCLK1	定时器时钟输出 1		连接至 CPU 的 TCLK1 引脚
51	GND	地		
52	GND	地		
53	EINT0	中断 0	I	外部输入的中断信号，连接到 CPU 的中断
54	NC	空脚	空	
55	NC	空脚	空	
56	NGCS1	片选信号 1	O	
57	NC	空脚	空	
58	NC	空脚	空	
59	RESET	复位信号	O	
60	NC	空脚	空	
61	GND	地		
62	GND	地		
63	NC	空脚	空	
64	NC	空脚	空	
65	NC	空脚	空	
66	NC	空脚	空	
67	EINT7	中断 7	I	外部输入的中断信号，连接到 CPU 的中断
68	EINT3	中断 3	I	外部输入的中断信号，连接到 CPU 的中断
69	NGCS3	片选信号 3	O	
70	NGCS1	片选信号 1	O	
71	NC	空脚	空	
72	NC	空脚	空	
73	NC	空脚	空	
74	NC	空脚	空	

续表

序号	代号	含义	I/O	备注
75	NC	空脚	空	
76	GND	地		
77	GND	地		
78	NC	空脚	空	
79	GND	地		
80	GND	地		

INTERFACE C 用来扩展 INTERFACE A、INTERFACE B 没有扩展的 CPU 信号,如 AD 输入、液晶、串口等和扩展子板间的通讯信号。见表 1-1-9。

表 1-1-9 接口 INTERFACE C 引脚含义表

序号	代号	含义	I/O	备注
1	+5V	+5V 电源		
2	+5V	+5V 电源		
3	AIN0	模拟输入 0	I	
4	AIN1	模拟输入 1	I	
5	AIN2	模拟输入 2	I	
6	AIN3	模拟输入 3	I	
7	AIN4	模拟输入 4	I	
8	AIN5	模拟输入 5	I	
9	AREFB	模拟输入负参考电压	I	
10	AREFT	模拟输入正参考电压	I	
11	AVCOM	模拟输入参考电压公共端	I	
12	TOUT2	定时器输出 2	O	
13	TOUT3	定时器输出 3	O	
14	NC	空脚		
15	ExINT4	外部中断 4	I	
16	ExINT5	外部中断 5	I	
17	ExINT6	外部中断 6	I	
18	ExINT7	外部中断 7	I	
19	nGCS4	片选	O	
20	nGCS5	片选	O	
21	NGCS4	片选	O	
22	nGCS5	片选	O	

续表

序号	代号	含义	I/O	备注
23	LnWBE0	写字节使能0	O	
24	LnWBE1	写字节使能1	O	
25	LnWBE2	写字节使能2	O	
26	LnWBE3	写字节使能3	O	
27	UCLK	输入输出口	IO	
28	GPH1	输入输出口	IO	
29	CLKOUT0	时钟输出信号源0	O	
30	CLKOUT1	时钟输出信号源1	O	
31	IICSCL	IIC总线时钟	O	
32	IICSDA	IIC总线数据	IO	
33	RXD1	串口1接收数据	I	
34	TXD1	串口1发送数据	O	
35	RXD2	串口2接收数据	I	
36	TXD2	串口2发送数据	O	EL－830＋底板未使用
37	SDDAT0	SD卡数据0	O	EL－830＋底板未使用
38	SDDAT1	SD卡数据1	O	EL－830＋底板未使用
39	SDDAT2	SD卡数据2	O	EL－830＋底板未使用
40	SDDAT3	SD卡数据3	O	EL－830＋底板未使用
41	SDCLK	SD卡时钟	O	EL－830＋底板未使用
42	SDCMD	SD卡命令	O	
43	AIN6	模拟输入6	I	
44	AIN7	模拟输入7	I	
45	NC	空脚		
46	CDCLK	CPU信号,解码器系统时钟	O	CPU引脚
47	VD19	液晶数据19	O	CPU引脚
48	VD20	液晶数据20	O	CPU引脚
49	VD21	液晶数据21	O	CPU引脚
50	VD22	液晶数据22	O	CPU引脚
51	VD23	液晶数据23	O	CPU引脚
52	VD10	液晶数据10	O	CPU引脚
53	VD11	液晶数据11	O	CPU引脚
54	VD12	液晶数据12	O	CPU引脚
55	VD13	液晶数据13	O	CPU引脚

续表

序号	代号	含义	I/O	备注
56	VD14	液晶数据 14	O	CPU 引脚
57	VD15	液晶数据 15	O	CPU 引脚
58	VD3	液晶数据 3	O	CPU 引脚
59	VD4	液晶数据 4	O	CPU 引脚
60	VD5	液晶数据 5	O	CPU 引脚
61	VD6	液晶数据 6	O	CPU 引脚
62	VD7	液晶数据 7	O	CPU 引脚
63	TSMX	接触摸屏 XN 脚	O	CPU 引脚
64	TSMY	接触摸屏 YN 脚	O	CPU 引脚
65	TSPY	接触摸屏 YP 脚	O	CPU 引脚
66	TSPX	接触摸屏 XP 脚	O	
67	VM - VDEN	液晶电压控制信号	I	
68	VF - VS	液晶桢时钟	O	
69	VL - HS	液晶线时钟	O	
70	VCLK	液晶位时钟	O	
71	VD0	液晶数据 0	O	
72	VD1	液晶数据 1	O	
73	VD2	液晶数据 2	O	
74	VD3	液晶数据 3	O	
75	VD4	液晶数据 4	O	
76	VD5	液晶数据 5	O	
77	VD6	液晶数据 6	O	
78	VD7	液晶数据 7	O	
79	GND	地		
80	GND	地		

3. 实验箱底板的资源介绍

(1) 概述。

实验箱底板上的资源丰富,具体的实验单元有:LCD 模块,触摸屏模块,语音单元模块,串口 2 模块,USB 设备模块,电源模块,模拟输入输出模块,键盘模块,CPLD 烧写模块,键盘数码管模块,SD(MMC)卡模块,A/D 转换模块,信号源发生器模块。以及 PS2 鼠标键盘接口,Tech_V 总线接口,E_LAB 总线接口等等。实验箱上的底板详细具体资源见表 1-1-10。

表 1 - 1 - 10　试验箱底板资源

单元名称	关键控制芯片	功能	备注
LCD 模块	S3C2410 内置 LCD 控制器	液晶显示	320X240,5.7 寸,256 色
触摸屏模块	ADS7843	完成触摸响应	ARM9 实验不使用该芯片,使用 CPU 集成的控制器
语音模块	UDA1341TS	语音模拟信号采集	采样率最高 48kHz;
串口 1 模块	MAX3232CPE	完成与 PC 机的串行数据的转换	最高串行通信率为 115200 b/s
USB 设备模块	PDIUSBD12	完成 PC 机与实验箱的 USB 通信控制	USB1.1
键盘数码管模块	HD7279A	中断请求,数码管显示	4X4 键,8 位数码管
模拟输入输出模块	74LS273,244	完成数据锁存,数据发送	8 位数据
SD(MMC)卡模块	W86L388D	SD(MMC)卡命令的发送,数据的读取	最高时钟 25MHz
A/D 转换模块	S3C2410 内置 A/D 转换器	采集模拟信号	10 位 8 路
E_LAB 总线接口			留有扩展接口,有扩展板。
信号源模块		自动产生信号源	
电源模块			5V,+12V,-12V
PS2 鼠标键盘接口			硬件扩展口(有扩展板)
Tech_V 总线接口			留有扩展接口,有扩展板
PS2 键盘鼠标控制模块	AT89C2051		扩展出标准的键盘鼠标插孔

(2) 底板资源的具体介绍。

1)模拟输入输出接口单元。

8bit 的数字量输入(由八个带自锁的开关产生),通过 74LS244 缓冲;8bit 的数字量输出(通过八个 LED 灯显示),通过 74LS273 锁存。数字量的输入输出都映射到 CPU 的 IO 空间。数字值的显示的通过八个 LED 灯和 LCD 屏,按下一个键,表示输入一个十进制的"0"值,8 个键都不按下,则数字量的十进制数值为 255,8 个键都按下,则数字量的十进制数值为 0,通过 LED 灯,和 LCD 的显示可以清楚的看到实验结果。

2)键盘数码管模块。

键盘接口是由芯片 HD7279A 控制的,HD7279A 是一片具有串行接口的,可同时驱动 8

位共阴式数码管或(64只独立LED)的智能显示驱动芯片,该芯片同时还可连接多达64键的键盘矩阵,单片即可完成LED显示,键盘接口的全部功能。HD7279A内部含有译码器,可直接接受BCD码或16进制码,并同时具有2种译码方式。此外,还具有多种控制指令,如消隐、闪烁、左移、右移、段寻址等。HD7279A具有片选信号,可方便地实现多于8位的显示或多于64键的键盘接口。在该实验系统中,仅提供了16个键。

3) USB设备模块。

USB设备模块,采用了飞利浦的USB设备控制芯片PDIUSBD12,该芯片遵从USB1.1规范,最高通信率12Mbps,该单元位于实验箱的左下角。D3为通信状态指示灯。使用外部中断4来响应中断请求。

4) 串口1模块。

串口1模块,采用了美信的MAX3232CPE芯片,通过它可以把PC的电信号转换成实验箱可以使用的信号,它的最高串行通信波特率为115200bps。

5) 音频模块。

语音的模拟信号的编解码采用了UDA1341TS芯片。该芯片有两个串行同步变换通道、D/A转换前的差补滤波器和A/D变换后的滤波器。其他部分提供片上时序和控制功能。芯片的各种应用配置可以通过芯片的三根线,由串行通信编程来实现。主要包括:复位、节电模式、通信协议、串行时钟速率、信号采样速率、增益控制和测试模式、音质特性。最大采样速率48kb/s。

语音处理单元由UDA1341TS模块、输出功率模块组成。语音的模拟信号经过偏置和滤波处理后输入到语音的编解码芯UDA1341TS中,UDA1341TS以IIS的语音格式送入S3C2410中,S3C2410可以处理也可以不处理该信号,把它保存起来,也可用DMA控制而不经过CPU处理,直接实时的采集,然后实时的播放出去。

音频信号通过D/A转换后输出,经过一次功率放大,然后可以推动功率为0.4W的板载扬声器,也可以接耳机输出。如图1-1-3所示。

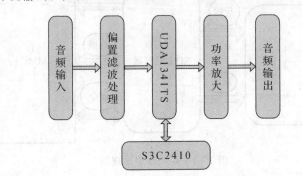

图1-1-3 语音处理单元原理框图

语音处理单元接口说明:

LINE_IN:音频输入端子,可输入CD、声卡、MP3等语音信号。

MIC:音频输入端子,麦克风等语音信号。

SPEAKER:音频输出端子,可接耳机、音箱。

语音处理单元旋钮说明：

"SPEAKER_R/L"：逆时针旋转，音量变大；顺时针旋转，音量变小。

6) LCD模块。

本实验系统仅选用了LCD液晶显示屏，LCD的控制器使用S3C2410的内部集成的控制器，LCD屏选用的是5.7寸，320X240像素，256色的彩屏。电源操作范围宽(2.7V to 5.5V)；低功耗设计可满足产品的省电要求。

其中，可调变位器VR2用于调节LCD屏色彩的对比度，产品出厂时，已设定成在室温下较好的对比度，当因温度低或高等因素显示不正常时，可适当调节VR2到合适的色彩。一般请不要调整。

"VR2"：逆时针旋转，LCD屏变亮；顺时针旋转，LCD屏变暗。

"LCD_ON/OFF"按键，控制着LCD屏的电源，是电源的开关。

7) 触摸屏模块。

S3C2410内部具有触摸屏控制器，在底板跳线是ARM9的时候，触摸屏直接与S3C2410连接，由CPU直接控制。

8) SD(MMC)卡单元。

SD(MMC)卡单元，采用了华邦公司的W86L388D的SD(MMC)卡的控制器，它的最高时钟率为25MHz，能够使用1线或4线传输数据及指令，它通过初始化配置能够使用MMC卡。CPU通过给其相应的寄存器中写入控制命令，来驱动它读写SD(MMC)卡，从SD(MMC)卡中读取的数据通过与CPU相连的16位数据总线，发送给CPU处理。SD(MMC)卡与CPU的是通过中断方式来进行应答的，W86L388D的中断控制器则显示SD(MMC)卡的各种中断请求，CPU只须读取其状态，就能判断对SD(MMC)卡进行如何处理。其原理如图1-1-4所示。D12，通信状态指示灯，D13卡识别指示灯。

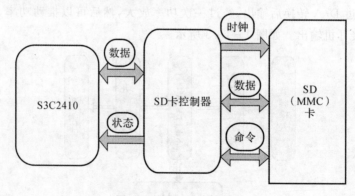

图1-1-4 SD卡原理图

9) A/D转换单元。

A/D转换单元，采用S3C2410内置的A/D转换器，它包含一个8路模拟输入混合器，12位模数转换。最大转换速率：100KPS，输入电压范围：0～2.5V 输入带宽：0～100 Hz(无采样和保持电路)，低的电源消耗。在本实验系统中，模拟输入信号经过降压、偏置处理后输入A/D转换器，然后转换的数字量给S3C2410处理。如图1-1-5所示。

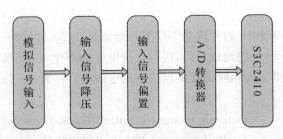

图 1-1-5 模数单元原理框图

模数转换单元拨码开关说明见表 1-1-11。

表 1-1-11 模数转换单元拨码开关(SW5)说明

码位	备注
1	ON,采集的模拟信号从 A/D 转换器的第 1 路输入;OFF,A/D 的第 1 路输入悬空,缺省设置
2	ON,采集的模拟信号从 A/D 转换器的第 2 路输入;OFF,A/D 的第 2 路输入悬空,缺省设置
3	ON,采集的模拟信号从 A/D 转换器的第 3 路输入;OFF,A/D 的第 3 路输入悬空,缺省设置
4	ON,采集的模拟信号从 A/D 转换器的第 4 路输入;OFF,A/D 的第 4 路输入悬空,缺省设置
5	ON,采集的模拟信号从 A/D 转换器的第 5 路输入;OFF,A/D 的第 5 路输入悬空,缺省设置
6	ON,采集的模拟信号从 A/D 转换器的第 6 路输入;OFF,A/D 的第 6 路输入悬空,缺省设置
7	ON,采集的模拟信号从 A/D 转换器的第 7 路输入;OFF,A/D 的第 7 路输入悬空,缺省设置
8	ON,采集的模拟信号从 A/D 转换器的第 8 路输入;OFF,A/D 的第 8 路输入悬空,缺省设置

10)信号源单元。

信号源单元使用 TI 公司的 TLC2272,是双通道运算放大器,可以产生方波。

11)PS2 单元。

PS2 单元中 S5 为复位键,KEYBOARD 接口为键盘接口,MOUSE 为鼠标接口。D1 为数据传输指示灯。控制芯片为 AT2051。

12)CPLD 单元。

由于实验箱上的资源众多,几乎每一个设备资源都要使用片选信号或中断信号或一些串口的信号,以及一些寄存器的地址等等,这样一来,S3C2410 的 I/O 资源是不能满足的,因此该实验箱通过加入了一片 CPLD 芯片,用来完成各资源所需的地址译码,片选信号,以及一些高低电平的模拟。

CPLD 单元使用 S3C2410 的片选是 NGCS4，地址是 0x20000000—0x28000000；由于底板上大多的资源都通过 CPLD 的地址译码，进行片选电平的产生，以及模拟高低电平的产生，所以，应给 CPLD 的地址里写入相应的数据以产生相应的信号。表 1-1-15 列出了底板中所需信号的地址。

#define clrcs1　　(*(volatile unsigned *)0x20000000) = 0x01;
#define setcs1　　(*(volatile unsigned *)0x20000004) = 0x02;

利用宏定义来代替置高、置低；给相应的地址里写 1，表示该 CPLD 的相应引脚输出低电平，给相应的地址里写 2，表示该 CPLD 的相应引脚输出高电平。有的地址需要写入 8 位数据。

表 1-1-12　底板所需信号地址

模块名称	相应说明
HD7279	0x20000004 = 0x05 —> HD7279 的 DATA PIN 方向为输入
	0x20000004 = 0x06 —> HD7279 的 DATA PIN 方向为输出
	0x20000004 = 0x01 —> HD7279 的 CS 有效，选择 HD7279
	0x20000004 = 0x02 —> HD7279 的 CS 无效，释放 HD7279
SD Card	#define rCMD_PIPE_REG　(*(volatile unsigned short *)0x20000006)
	#define rSTA_REG　(*(volatile unsigned short *)0x20000008)
	#define rCON_REG (*(volatile unsigned short *)0x20000008)
	#define rRCE_DAT_BUF　(*(volatile unsigned short *)0x2000000a)
	#define rTRA_DAT_BUF (*(volatile unsigned short *)0x2000000a)
	#define rINT_STA_REG　(*(volatile unsigned short *)0x2000000c)
	#define rINT_ENA_REG　(*(volatile unsigned short *)0x2000000c)
	#define rGPIO_DAT_REG　(*(volatile unsigned short *)0x2000000e)
	#define rGPIO_CON_REG　(*(volatile unsigned short *)0x2000000e)
	#define rGPIO_INT_STA_REG (*(volatile unsigned short *)0x20000010)
	#define rGPIO_INT_ENA_REG (*(volatile unsigned short *)0x20000010)
	#define rIND_ADD_REG (*(volatile unsigned short *)0x20000012)
	#define rIND_DAT_REG (*(volatile unsigned short *)0x20000014)
模拟输入输出	74ls244 地址：　0x20000016
	74ls273 地址：　0x20000000
UDA1341	0x20000028 = 0x03 —> L3MODE 置 0
	0x20000028 = 0x04 —> L3MODE 置 1
	0x20000018 = 0x01 —> L3CLOCK 置 0
	0x20000018 = 0x02 —> L3CLOCK 置 1

13) 其它接口说明。

电源单元：为系统提供 +5V、+12V、-12V、+3.3V 电源，见表 1-1-13。

表 1-1-13 电源接口说明

标号	名称	功能
LED15	LED 灯	+3.3V 电源指示
LED16	LED 灯	+5V 电源指示
LED17	LED 灯	+12V 电源指示
LED18	LED 灯	-12V 电源指示

SW2：拨码开关，扩展中断选择，见表 1-1-14。

表 1-1-14 拨码开关 SW2 功能说明

码位	功能
1—ON	EXT 中断 2 引出
2—ON	未定义
3—ON	EXT 中断 3 引出
4—ON	EXT 中断 3 用于 PS2 键盘鼠标的中断请求

在底板上，留出了两列插孔，它们是供外部扩展所用。具体功能见表 1-1-15。

表 1-1-15 外端扩展插孔功能说明

标号	功能
IICSCL	S3C2410 的 IIC 控制时钟引出
IICSDA	S3C2410 的 IIC 数据线引出
CS1	CPLD 的第 100 管脚的引出
CS2	CPLD 的第 77 管脚的引出
EXINT2	S3C2410 的外部中断请求 2 管脚引出
EXINT3	S3C2410 的外部中断请求 3 管脚引出
IO-1	CPLD 的第 52 管脚的引出
IO-2	CPLD 的第 97 管脚的引出
IOC-3	S3C2410 的 TOUT1 管脚引出，J4 的 13
IOC-4	S3C2410 的 TOUT3 管脚引出，J4 的 45
AIN3	采集的模拟信号从第 3 路输出
AIN2	采集的模拟信号从第 2 路输出

在信号扩展单元处，又扩展了 PS2 键盘鼠标接口。

在此对底板上的设备所使用的中断作一总结,见表1-1-16。

表1-1-16 设备中断说明

设备	使用的中断
网卡	外部中断 EXINT1
PS2	外部中断 EXINT3
USB设备	外部中断 EXINT4
4X4键盘	外部中断 EXINT5
SD(MMC)卡	外部中断 EXINT6
触摸屏	外部中断 EXINT7

SW4:拨码开关,ARM系列的CPU板卡选择,见表1-1-17。

表1-1-17 拨码开关SW4说明

功能	1	2
ARM7	off	off
ARM9	On	off
ARM10	Off	on
ARM11	On	on

4. Tech_V总线的介绍

在实验箱的左中部,有两条扩展接口,J3和J5,在深入掌握了ARM的系统之后,可以进一步开发属于自己的具体的开发板,例如,在此总线上,公司已经研制开发了GPS/GPRS模块卡,高精度的A/D,D/A采集卡,静态图像处理卡等等。

J3:J3扩展信号是地址、数据总线和读写、片选信号,见表1-1-18。

表1-1-18 J3扩展信号说明

序号	代号	含义	IO	备注
1	+5V	+5V电源		
2	+5V	+5V电源		
3	ADDR19	地址线	O	与CPU板的ADDR19相连
4	ADDR18	地址线	O	与CPU板的ADDR18相连
5	ADDR17	地址线	O	与CPU板的ADDR17相连
6	ADDR16	地址线	O	与CPU板的ADDR16相连
7	ADDR15	地址线	O	与CPU板的A15相连
8	ADDR14	地址线	O	与CPU板的A14相连
9	ADDR13	地址线	O	与CPU板的A13相连
10	ADDR12	地址线	O	与CPU板的A12相连

续表

序号	代号	含义	IO	备注
11	GND	地		
12	GND	地		
13	ADDR11	地址线	O	与 CPU 板的 A11 相连
14	ADDR10	地址线	O	与 CPU 板的 A10 相连
15	ADDR9	地址线	O	与 CPU 板的 A9 相连
16	ADDR8	地址线	O	与 CPU 板的 A8 相连
17	ADDR7	地址线	O	与 CPU 板的 A7 相连
18	ADDR6	地址线	O	与 CPU 板的 A6 相连
19	ADDR5	地址线	O	与 CPU 板的 A5 相连
20	ADDR4	地址线	O	与 CPU 板的 A4 相连
21	+5V	+5V 电源		
22	+5V	+5V 电源		
23	ADDR3	地址线	O	与 CPU 板的 A3 相连
24	ADDR2	地址线	O	与 CPU 板的 A2 相连
25	ADDR1	地址线	O	与 CPU 板的 A1 相连
26	ADDR0	地址线	O	与 CPU 板的 A0 相连
27	ADDR21	地址线	O	
28	ADDR20	地址线	O	
29	GND	地		
30	GND	地		
31	GND	地		
32	GND	地		
33	NC	空脚	空	
34	NC	空脚	空	
35	NC	空脚	空	
36	NC	空脚	空	
37	NC	空脚	空	
38	NC	空脚	空	
39	NC	空脚	空	
40	NC	空脚	空	
41	+3.3V	+3.3V 电源		
42	+3.3V	+3.3V 电源		
43	NC	空脚	空	

续表

序号	代号	含义	IO	备注
44	NC	空脚	空	
45	NC	空脚	空	
46	NC	空脚	空	
47	NC	空脚	空	
48	NC	空脚	空	
49	NC	空脚	空	
50	NC	空脚	空	
51	GND	地		
52	GND	地		
53	DATA15	数据线	IO	与CPU板的D15相连
54	DATA14	数据线	IO	与CPU板的D14相连
55	DATA13	数据线	IO	与CPU板的D13相连
56	DATA12	数据线	IO	与CPU板的D12相连
57	DATA11	数据线	IO	与CPU板的D11相连
58	DATA10	数据线	IO	与CPU板的D10相连
59	DATA9	数据线	IO	与CPU板的D9相连
60	DATA8	数据线	IO	与CPU板的D8相连
61	GND	地		
62	GND	地		
63	DATA7	数据线	IO	与CPU板的D7相连
64	DATA6	数据线	IO	与CPU板的D6相连
65	DATA5	数据线	IO	与CPU板的D5相连
66	DATA4	数据线	IO	与CPU板的D4相连
67	DATA3	数据线	IO	与CPU板的D3相连
68	DATA2	数据线	IO	与CPU板的D2相连
69	DATA1	数据线	IO	与CPU板的D1相连
70	DATA0	数据线	IO	与CPU板的D0相连
71	GND	地		
72	GND	地		
73	RD	读信号	O	
74	NWE	写信号	O	
75	NOE	使能信号	O	
76	NWIT	等待信号	I	

续表

序号	代号	含义	IO	备注
77	MSTRB	存储器选通单元	O	
78	NGCS4	片选信号4	O	
79	GND	地		
80	GND	地		

J5:J5 扩展信号外设信号接口,见表 1-1-19。

表 1-1-19 J5 扩展信号说明

序号	代号	含义	IO	备注
1	+12V	电源		
2	−12V	电源		
3	DGND	地		
4	DGND	地		
5	+5V	+5V 电源		
6	+5V	+5V 电源		
7	GND	地		
8	GND	地		
9	+5V	+5V 电源		
10	+5V	+5V 电源		
11	NC	空脚	空	
12	NC	空脚	空	
13	NC	空脚	空	
14	NC	空脚	空	
15	NC	空脚	空	
16	NC	空脚	空	
17	NC	空脚	空	
18	NC	空脚	空	
19	+3.3V	+3.3V 电源		
20	+3.3V	+3.3V 电源		
21	SIOCLK	SIO 输出位时钟	O	实际使用的是 GPIO 口
22	空	空	空	
23	SIORDY	SIO 就绪	I	实际使用的是 GPIO 口
24	SIOTXD	SIO 发送数据	O	实际使用的是 GPIO 口
25	GND	地		

续表

序号	代号	含义	IO	备注
26	GND	地		
27	NC	空脚	空	
28	NC	空脚	空	
29	NC	空脚	空	
30	SIORXD	SIO 接收数据	I	实际使用的是 GPIO 口
31	GND	地		
32	GND	地		
33	NC	空脚	空	
34	NC	空脚	空	
35	IISLRCLK	IIS 左右声道时钟	O	
36	IISDO	IIS 数据输出	O	
37	GND	地		
38	GND	地		
39	IISCLK	IIS 输出时钟	O	
40	NC	空脚	空	
41	NC	空脚	空	
42	IISDI	IIS 数据输入	I	
43	GND	地		
44	GND	地		
45	TOUT0	定时器输出 0	O	
46	NC	空脚	空	
47	NC	空脚	空	
48	EINT1	中断 1	I	外部输入的中断信号,连接到 CPU 的中断 3
49	XF	GPIO	空	该 CPU 板上为空引脚
50	NC	空脚	空	
51	GND	地		
52	GND	地		
53	EINT2	中断 2	I	外部输入的中断信号,连接到 CPU 的中断 2
54	NC	空脚	空	
55	NC	空脚	空	
56	NGCS2	片选信号 5	O	
57	NC	空脚	空	
58	NC	空脚	空	

续表

序号	代号	含义	IO	备注
59	RESET	复位信号	O	
60	NC	空脚	空	
61	GND	地		
62	GND	地		
63	NC	空脚	空	
64	NC	空脚	空	
65	NC	空脚	空	
66	NC	空脚	空	
67	NC	空脚	空	
68	NC	空脚	空	
69	NGCS5	片选信号5	O	
70	NGCS4	片选信号4	O	
71	NC	空脚	空	
72	NC	空脚	空	
73	NC	空脚	空	
74	NC	空脚	空	
75	CPUDET	子板检测信号	I	子板输入给CPU板的信号,低有效 该信号用来检测是否有子板插在CPU板上
76	GND	地		
77	GND	地		
78	NC	空脚	空	
79	GND	地		
80	GND	地		

5. E_Lab总线的介绍

在实验箱的左下部,有一对扩展接口,JP3和JP4,称为E_Lab总线接口。在深入掌握了ARM的系统之后,可以进一步开发属于自己的具体的开发板,现就E_Lab总线的接口定义说明见表1-1-20,表1-1-21。值得注意的是E_Lab总线接口使用双排插座,每个插座并列的两个引脚的信号定义是相同的。

JP1:JP1扩展信号是地址总线和读写、片选信号,见表1-1-20。

表 1-1-20　底板 JP1 插座引脚信号

序号	代号	含义	IO	备注
1,2	MCCS0		O	片选信号
3,4	MCCS1		O	片选信号
5,6	MCCS2		O	片选信号
7,8	MCCS3		O	片选信号
9,10	A4	地址线	O	与 CPU 的 ADDR4 相连接
11,12	A5	地址线	O	与 CPU 的 ADDR5 相连接
13,14	A6	地址线	O	与 CPU 的 ADDR6 相连接
15,16	A7	地址线	O	与 CPU 的 ADDR7 相连接
17,18	A8	地址线	O	与 CPU 的 ADDR8 相连接
19,20	A9	地址线	O	与 CPU 的 ADDR9 相连接
21,22	A10	地址线	O	与 CPU 的 ADDR10 相连接
23,24	A11	地址线	O	与 CPU 的 ADDR11 相连接
25,26	ACS0		O	片选信号
27,28	ACS1		O	片选信号
29,30	ACS2		O	片选信号
31,32	ACS3		O	片选信号

JP2：JP2 扩展信号是外设信号（数据）接口：见表 1-1-21。

表 1-1-21　底板 JP2 插座引脚信号

序号	代号	含义	IO	备注
1,2,3,4	+5V	电源		
5,6,7,8	GND	地		
9,10	A0	地址线	O	与 CPU 的 ADDR0 相连接
11,12	A1	地址线	O	与 CPU 的 ADDR1 相连接
13,14	A2	地址线	O	与 CPU 的 ADDR2 相连接
15,16	A3	地址线	O	与 CPU 的 ADDR3 相连接
17,18	D0	数据线	IO	
19,20	D1	数据线	IO	
21,22	D2	数据线	IO	
23,24	D3	数据线	IO	
25,26	D4	数据线	IO	
27,28	D5	数据线	IO	
29,30	D6	数据线	IO	

续表

序号	代号	含义	IO	备注
31,32	D7	数据线	IO	
33,34	ALE		O	地址锁定使能
35,36	R/W		O	读写使能
37,38	BRE		O	Busy/Ready 信号
39,40	ACS4		O	片选信号
41,42,43,44	+12V	电源		
45,46,47,48	−12V	电源		

综上所述，本实验介绍了该系统的硬件资源，对实验系统有一个基本的了解，后面将会结合实验程序详细介绍每个单元在实验中的具体应用。

实验二　ADS1.2 开发环境创建与简要介绍

一、实验目的

熟悉 ADS1.2 开发环境,正确使用仿真调试电缆进行编译、下载、调试。

二、实验要求

学习 ADS1.2 开发环境,并了解整个仿真环境的一些设置和工作方法。

三、实验设备与环境

(1)EL-ARM-830+教学实验箱,PentiumII 以上的 PC 机,仿真调试电缆。

(2)PC 操作系统 WIN98 或 WIN2000 或 WINXP,ADS1.2 集成开发环境,仿真调试电缆驱动程序。

四、实验步骤

1. ADS1.2 下建立工程

(1)运行 ADS1.2 集成开发环境(CodeWarrior for ARM Developer Suite),点击 File/New,在 New 对话框中,选择 Project 栏,其中共有 7 项,ARM Executable Image 是 ARM 的通用模板。选中它即可生成 ARM 的执行文件。如图 1-2-1 所示。

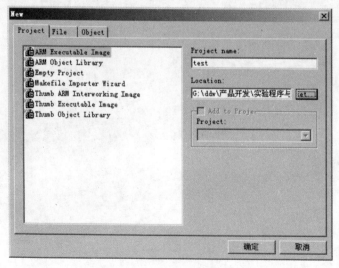

图 1-2-1　新建工程

还要在,Project name 栏中输入项目的名称,以及在 Location 中输入其存放的位置。按确定保存项目。

(2)在新建的工程中,选择 Debug 版本,如图 1-2-2 所示,使用 Edit/Debug Settings 菜单对 Debug 版本进行参数设置。

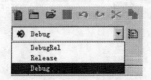

图 1-2-2 选择 Debug 版本

(3)在图 1-2-3 中,点击 Debug Setting 按钮,弹出图 1-2-4,选中 Target Setting 项,在 Post-linker 栏中选中 ARM fromELF 项。按 OK 确定。这是为生成可执行的代码的初始开关。

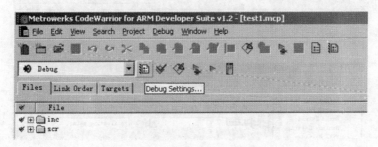

图 1-2-3 点击 Debug Settings

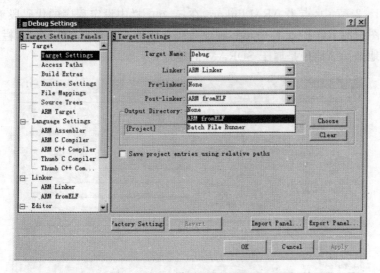

图 1-2-4 设置 Target Setting

(4)在图 1-2-5 中,点击 ARM Assembler,在 Architecture or Processer 栏中选 ARM920T。这是要编译的 CPU 核。

(5)在图 1-2-6 中,点击 ARM C Compliler,在 Architecture or Processer 栏中选

ARM920T。这是要编译的 CPU 核。

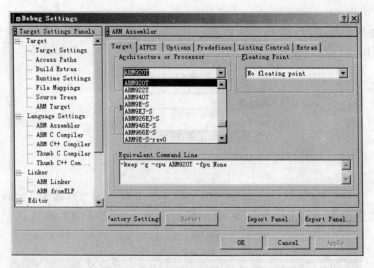

图 1-2-5 设置 ARM Assembler

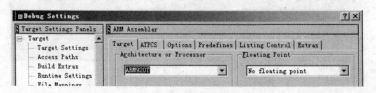

图 1-2-6 设置 ARM C Compliler

（6）在图 1-2-7 中，点击 ARM linker，在 outpur 栏中设定程序的代码段地址，以及数据使用的地址。图中的 RO Base 栏中填写程序代码存放的起始地址，RW Base 栏中填写程序数据存放的起始地址。该地址是属于 SDRAM 的地址。

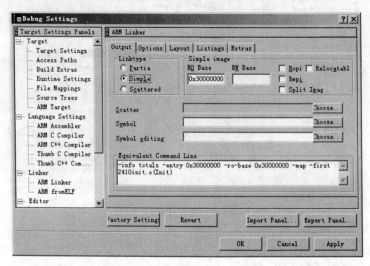

图 1-2-7 设置 ARM Linker

在 options 栏中,如图 1-2-8 所示,Image entry point 要填写程序代码的入口地址,其他保持不变,如果是在 SDRAM 中运行,则可在 0x30000000—0x33ffffff 中选值,这是 64M SDRAM 的地址,但是这里用的是起始地址,所以必须把你的程序空间给留出来,并且还要留出足够的程序使用的数据空间,而且还必须是 4 字节对齐的地址(ARM 状态)。通常入口点 Image entry point 为 0x30000000,ro_base 也为 0x30000000。

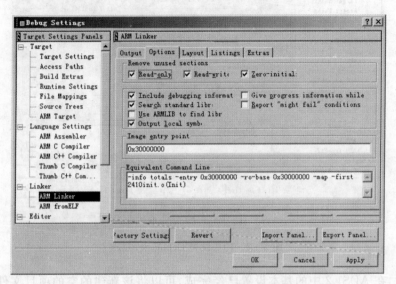

图 1-2-8　填入程序代码入口地址

在 Layout 栏中,如图 1-2-9 所示,在 Place at beginning of image 框内,需要填写项目的入口程序的目标文件名,如,整个工程项目的入口程序是 2410init.s,那么应在 Object/Symbol 处填写其目标文件名 2410init.o,在 Section 处填写程序入口的起始段标号。它的作用是通知编译器,整个项目的开始运行,是从该段开始的。

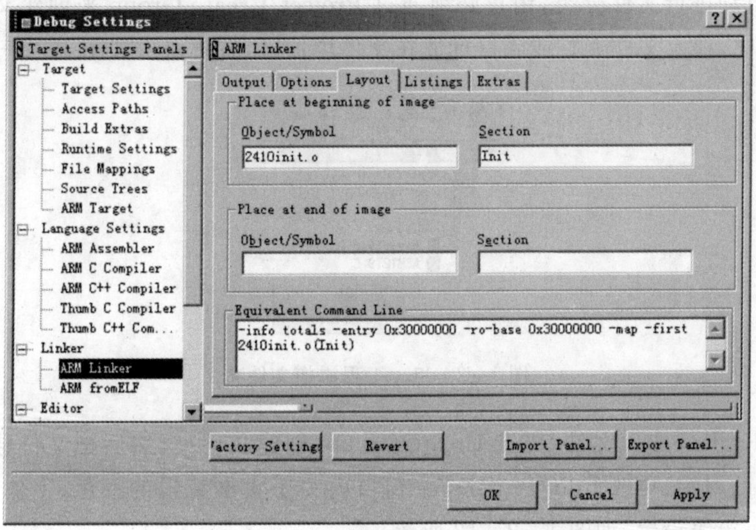

图 1-2-9　填写目标文件名

(7) 在图 1-2-10 中，即在 Debug Setting 对话框中点击左栏的 ARM fromELF 项，在 Output file name 栏中设置输出文件名 *.bin，前缀名可以自己取，在 Output format 栏中选择 Plain binary，这是设置要下载到 flash 中的二进制文件。图 1-2-10 中使用的是 test.bin。

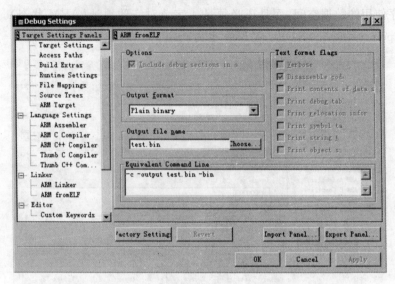

图 1-2-10 设置 Debug Settings

(8) 到此，在 ADS1.2 中的基本设置已经完成，可以将该新建的空的项目文件作为模板保存起来。首先，要将该项目工程文件改一个合适的名字，如 S3C2410 ARM.mcp 等，然后，在 ADS1.2 软件安装的目录下的 Stationary 目录下新建一个合适的模板目录名，如 S3C2410 ARM Executable Image，再将刚刚设置完的 S3C2410 ARM.mcp 项目文件存放到该目录下即可。这样，就能在图 1-2-10 中看到该模板。

(9) 新建项目工程后，就可以执行菜单 Project/Add Files 把和工程所有相关的文件加入，ADS1.2 不能自动进行文件分类，用户必须通过 Project/Create Group 来创建文件夹，然后把加入的文件选中，移入文件夹。或者鼠标放在文件填加区，右键点击如图 1-2-11 所示。

图 1-2-11 工程添加文件夹

先选 Add Files，加入文件，再选 Create Group，创建文件夹，然后把文件移入文件夹内。读者可根据自己习惯，更改 Edit/Preference 窗口内关于文本编辑的颜色、字体大小、形状、变量、函数的颜色等等设置，如图 1-2-12 所示。

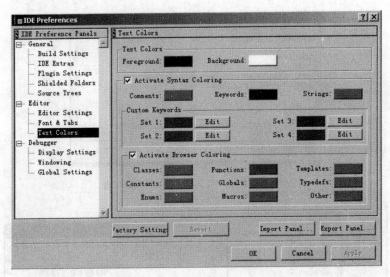

图 1-2-12　更改 Preference

2. ADS1.2 下仿真、调试

在 ADS1.2 下进行仿真调试，首先需要一根仿真调试电缆。在连上调试电缆后，给实验箱上电，打开调试软件 AXD Debugger。点击 File/load image 加载文件 ADS.axf。

最后介绍调试按钮。

上图中，左起第一个是全速运行，第二个是停止运行，第三个跳入函数内部，第四个单步执行，第五个跳出函数。

3. 使用 J-link 仿真器仿真

仿真调试电缆驱动程序的安装如下：在 C:\ARM 下找 Setup_JLinkARM_V408h 文件，双击开始安装 J-link 的驱动程序，一直点 next 直到 finish。到此，J-link 的驱动程序安装完毕。

打开调试软件 ADS1.2 并打开实验二如图 1-2-13 所示，打开实验二的源程序如图 1-2-14 所示。点击 make，开始编译所有文件，如图 1-2-15 所示。（如果文件是编译过的，需要对文件进行强制编译，方式是：点击所有文件夹左边空白（或是点击菜单栏的 project-Remove object code，在弹出的对话框中选择 current targets），出现红色对勾。）运行所有文件在图 1-2-16 中点击红色框部分。如果弹出图 1-2-17，直接按提示直接点"确定"，再点"取消"，如图 1-2-18 所示。否则直接进入 AXD 调试界面，如图 1-2-19 所示，在 AXD 调试界面，如图 1-2-19 所示，点击 Optios 选择 Configure Target。在弹出的对话框中点击右上角的"Add"，如图 1-2-20 所示。弹出添加仿真器驱动程序的窗口，如图 1-2-21 所示，此时按照路径 C:\Program file\SEGGER\JlinkARM_V408h 下找到 J-Link 的安装文件，选择 JLinkRDI.dll 文件。点击如图 1-2-21 所示窗口右下角的"打开"。进入图 1-2-22 仿真器驱动程序添加完成。然后选择图 1-2-22 下面的"OK"后，出现图 1-2-22 界面，说明仿真器已经工作正常了。

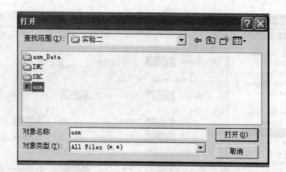

图 1-2-13　打开 ADS1.2 开发环境

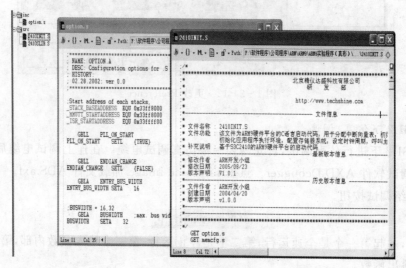

图 1-2-14　打开源程序

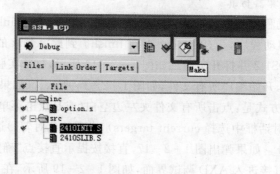

图 1-2-15　编译文件

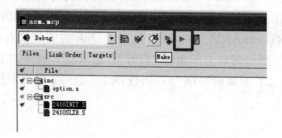

图 1-2-16　运行程序

图1-2-17 提示框

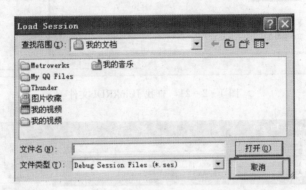

图1-2-18 Load Session 对话框

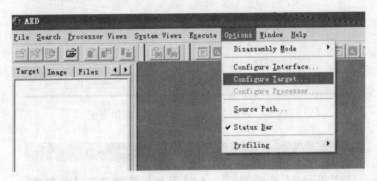

图1-2-19 设置仿真器

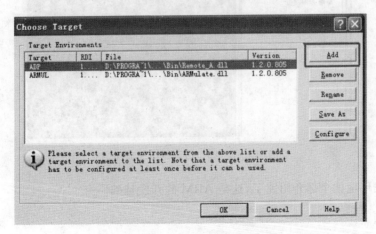

图1-2-20 添加仿真器驱动程序

图 1-2-21 查找 JLinkRDI 文件

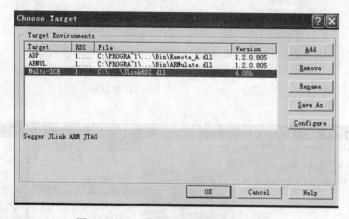

图 1-2-22 仿真器驱动程序添加完成

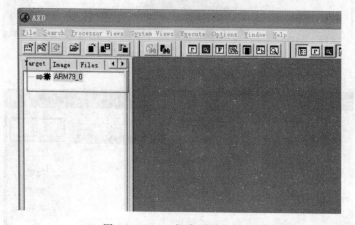

图 1-2-23 仿真器添加成功

到此,开发环境就全部介绍完了,这是 ARM 的开发基础。

五、思考题

如何强行重新编译工程的所有文件?

实验三 基于 ARM 的汇编语言程序设计简介

一、实验目的

了解 ARM 汇编语言的基本框架,学会使用 ARM 的汇编语言编程。

二、实验要求

用汇编语言编写一个简单的应用程序。

三、实验设备与环境

(1) EL-ARM-830+教学实验箱,PentiumII 以上的 PC 机,仿真调试电缆,串口电缆。
(2) PC 操作系统 WIN98 或 WIN2000 或 WINXP,ADS1.2 集成开发环境,仿真调试驱动程序。

四、实验内容

1. ARM 汇编的一些简要的书写规范

ARM 汇编中,所有标号必须在一行的顶格书写,其后面不要添加":",而所有指令均不能顶格书写。ARM 汇编对标识符的大小写敏感,书写标号及指令时字母大小写要一致。在 ARM 汇编中,ARM 指令、伪指令、寄存器名等可以全部大写或者全部小写,但不要大小写混合使用。注释使用";"号,注释的内容由";"号起到此行结束,注释可以在一行的顶格书写。

2. ARM 汇编语言程序的基本结构

在 ARM 汇编语言程序中,是以程序段为单位来组织代码。段是相对独立的指令或数据序列,具有特定的名称。段可以分为代码段的和数据段,代码段的内容为执行代码,数据段存放代码运行时所需的数据。一个汇编程序至少应该有一个代码段,当程序较长时,可以分割为多个代码段和数据段,多个段在程序编译链接时最终形成一个可执行文件。可执行映像文件通常由以下几部分构成:

一个或多个代码段,代码段为只读属性。
零个或多个包含初始化数据的数据段,数据段的属性为可读写。
零个或多个不包含初始化数据的数据段,数据段的属性为可读写。

链接器根据系统默认或用户设定的规则,将各个段安排在存储器中的相应位置。源程序中段之间的相邻关系与执行的映象文件中的段之间的相邻关系不一定相同。

3. 简单的小例子

下面是一个代码段的小例子：

```
AREA    Init,CODE,READONLY
ENTRY
LDR     R0,=0x3FF5000
LDR     R1,0x0f
STR     R1,[R0]
LDR     R0,=0x3F50008
LDR     R1,0x1
STR     R1,[R0]
...
...
END
```

在汇编程序中，用 AREA 指令定义一个段，并说明定义段的相关属性，本例中定义了一个名为 Init 的代码段，属性为只读。ENTRY 伪指令标识程序的入口，程序的末尾为 END 指令，该伪指令告诉编译器源文件的结束，每一个汇编文件都要以 END 结束。

下面是一个数据段的小例子：

```
AREA DataArea,DATA,NOINIT,ALIGN=2
DISPBUFSPACE200
RCVBUFSPACE200
...
...
```

DATA 为数据段的标识。

五、实验步骤

（1）本实验仅使用实验教学系统的 CPU 板，串口。在进行本实验时，LCD 电源开关、音频的左右声道开关、AD 通道选择开关、触摸屏中断选择开关等均应处在关闭状态。

（2）在 PC 机并口和实验箱的 CPU 板上的 JTAG 接口之间，连接仿真调试电缆，以及串口间连接公/母接头串口线。

（3）检查连接是否可靠，可靠后，接入电源线，系统上电。

（4）打开 ADS1.2 开发环境，从里面打开\实验程序\ADS\实验二\asm.mcp 项目文件，进行编译。

（5）编译通过后，进入 ADS1.2 调试界面，加载\实验程序\ADS\实验二\asm_Data\Debug 中的映象文件程序映像 asm.axf。

（6）打开超级终端，配置波特率为 115200，校验位无，数据位为 8，停止位为 1。之后，在 ADS 调试环境下全速运行映象文件，应出现图 1-3-1 界面。

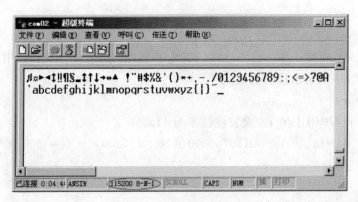

图 1-3-1 实验结果

本程序连续发送了 128 个字节的 ASCII 字符。

下面分析一下程序的源码。

在 UART 前的部分为系统的初始化,这在后边 BOOTLOADER 的章节里,要详细介绍。UART 后的程序为主程序,在程序中找到下面这部分的代码,

...

...

```
;//呼叫主应用程序
b UART
UART
    ldr r0,=GPHCON  ;//设置 GPIO(RxD0,TxD0 引脚)
    ldr r1,=0x2afaaa
    str r1,[r0]

    ldr r0,=GPHUP
    ldr r1,=0x7ff
    str r1,[r0];      //GPH[10:0]禁止上拉

    ldr r0,=UFCON0  ;//禁用 FIFO
    ldr r1,=0x0
    str r1,[r0]

    ldr r0,=UMCON0  ;//禁用 AFC
    ldr r1,=0x0
    str r1,[r0]

    ldr r0,=ULCON0                    ;//设置线寄存器
    ldr r1,=0x3  ;//正常模式,无奇偶校验,一个停止位,8 个数据位
```

```
        str r1, [r0]
        ldr r0, =UCON0  ;//设置 Uart0 控制器
        ldr r1, =0x245 ;//RX 边沿触发,TX 电平触发,禁用延时中断,使用 RX 错误中断,
;//正常操作模式,中断请求或表决模式
        str r1, [r0]
        ldr r0, =UBRDIV0  ;//设置波特率为 115200
        ldr r1, =0x1a      ;//int(50700000 / 16 / 115200) - 1 = 26
        str r1, [r0]

        mov r1, #100
Delay
        sub r1, r1, #0x1
        bne Delay
        ;//开中断
        ldr r0, =INTMSK
        ldr r1, [r0]
        and r1, r1, #0xefffffff
        str r1, [r0]
        MOV R5 , #127 ;     //设置要打印的字符的个数
        MOV R1 , #0x0 ;            //设置要打印的字符
LOOP
     LDR R3 , =UTRSTAT0
     LDR R2 , [R3]
     TST R2 ,#0x04 ;                      //判断发送缓冲区是否为空
     BEQ LOOP       ;//为空则执行下边的语句,不为空则跳转到 LOOP
     LDR R0 , =UTXH0
STR R1 ,[R0]              ;//向数据缓冲区放置要发送的数据
     ADD R1, R1, #1
     SUB R5 ,R5, #0x01                            ;//计数器减一
     CMP R5 ,#0x0
     BNELOOP
LOOP2    B   LOOP2
```

六、思考题

改变 R1 的数据,换成其他的数据,然后保存、编译、调试,观察结果。比如 0xaa,0x01 等等。

实验四 基于 ARM 的 C 语言程序设计简介

一、实验目的

了解 ARM C 语言的基本框架,学会使用 ARM 的 C 语言编程。

二、实验要求

用 C 语言编写一个简单的应用程序。

三、实验设备与环境

(1)EL-ARM-830+教学实验箱,PentiumII 以上的 PC 机,仿真调试电缆,串口电缆。
(2)PC 操作系统 WIN98 或 WIN2000 或 WINXP,ADS1.2 集成开发环境,仿真调试电缆驱动程序。

四、实验内容

1. ARM 使用 C 语言编程是大势所趋

在应用系统的程序设计中,若所有的编程任务均由汇编语言来完成,其工作量巨大,并且不易移植。由于 ARM 的程序执行速度较高,存储器的存储速度和存储量也很高,因此,C 语言的特点充分发挥,使得应用程序的开发时间大为缩短,代码的移植十分方便,程序的重复使用率提高,程序架构清晰易懂,管理较为容易等等。因此,C 语言的在 ARM 编程中具有重要地位。

2. ARM C 语言程序的基本规则

在 ARM 程序的开发中,需要大量读写硬件寄存器,并且尽量缩短程序的执行时间的代码一般使用汇编语言来编写,比如 ARM 的启动代码,ARM 的操作系统的移植代码等,除此之外,绝大多数代码可以使用 C 语言来完成。

C 语言使用的是标准的 C 语言,ARM 的开发环境实际上就是嵌入了一个 C 语言的集成开发环境,只不过这个开发环境和 ARM 的硬件紧密相关。

在使用 C 语言时,要用到和汇编语言的混合编程。当汇编代码较为简洁,则可使用直接内嵌汇编的方法,否则,使用将汇编文件以文件的形式加入项目当中,通过 ATPCS 的规定与C 程序相互调用与访问。

ATPCS,就是 ARM、Thumb 的过程调用标准(ARM/Thumb Procedure Call Standard),它规定了一些子程序间调用的基本规则。如寄存器的使用规则,堆栈的使用规则,参数的传递规则等。

在 C 程序和 ARM 的汇编程序之间相互调用必须遵守 ATPCS。而使用 ADS 的 C 语言编译器编译的 C 语言子程序满足用户指定的 ATPCS 的规则。但是，对于汇编语言来说，完全要依赖用户保证各个子程序遵循 ATPCS 的规则。具体来说，汇编语言的子程序应满足下面 3 个条件：

- 在子程序编写时，必须遵守相应的 ATPCS 规则；
- 堆栈的使用要遵守相应的 ATPCS 规则；
- 在汇编编译器中使用－atpcs 选项。

(1)汇编程序调用 C 程序。

汇编程序的设置要遵循 ATPCS 规则，保证程序调用时参数正确传递。

在汇编程序中使用 IMPORT 伪指令声明将要调用的 C 程序函数。

在调用 C 程序时，要正确设置入口参数，然后使用 BL 调用。

(2)C 程序调用汇编程序。

汇编程序的设置要遵循 ATPCS 规则，保证程序调用时参数正确传递。

在汇编程序中使用 EXPORT 伪指令声明本子程序，使其他程序可以调用此子程序。

在 C 语言中使用 extern 关键字声明外部函数(声明要调用的汇编子程序)。

在 C 语言的环境内开发应用程序，一般需要一个汇编的启动程序，从汇编的启动程序，跳到 C 语言下的主程序，然后执行 C 程序，在 C 环境下读写硬件的寄存器，一般是通过宏调用，在每个项目文件的 Startup2410/INC 目录下都有一个 2410addr.h 的头文件，那里面定义了所有关于 2410 的硬件寄存器的宏，通过对宏的读写，就能操作 2410 的硬件。

具体的编程规则同标准 C 语言。

3. 简单的小例子

```
IMPORTMain
AREA    Init ,CODE, READONLY;
ENTRY
LDR    R0，=0x01d00000
LDR    R1，=0x245
STR    R1，[R0];把 0x245 放到地址 0X01D00000
BL    Main;跳转到 Main()函数处的 C/C++程序
END;标识汇编程序结束
```

以上是一个简单的程序，先寄存器初始化，然后跳转到 Main()函数标识的 C/C++代码处，执行主要任务，此处的 Main 是声明的 C 语言中的 Main()函数。

对宏的预定义，在 2410addr.h 中已定义，如：

```
#define rGPGCON    (*(volatile unsigned *)0x56000060) //Port G control
#define rGPGDAT    (*(volatile unsigned *)0x56000064) //Port G data
#define rGPGUP     (*(volatile unsigned *)0x56000068) //Pull-up control G
```

在程序中实现，

```
for(;;){
if(flag==0){
for(i=0;i<100000;i++);    //延时
rGPGCON = rGPGCON & 0xfff0ffff | 0x00050000;
rGPGDAT = rGPGDAT & 0xeff | 0x200;
for(i=0;i<100000;i++);    //延时
flag = 1;
} else {
for(i=0;i<100000;i++);    //延时
rGPGCON = rGPGCON & 0xfff0ffff | 0x00050000;
rGPGDAT = rGPGDAT & 0xdff | 0x100;
for(i=0;i<100000;i++);    //延时
flag = 0;
}
}
```

完成对 GPIO 的 G 口的操作,该程序可以交替点亮 CPU 板左下角的两个 LED 灯。

五、实验步骤

(1)本实验仅使用实验教学系统的 CPU 板、串口。在进行本实验时,LCD 电源开关、音频的左右声道开关、AD 通道选择开关、触摸屏中断选择开关等均应处在关闭状态。

(2)在 PC 机并口和实验箱的 CPU 板上的 JTAG 接口之间,连接仿真调试电缆,以及串口间连接公/母接头串口线。

(3)检查连接是否可靠,可靠后,接入电源线,系统上电。

(4)打开 ADS1.2 开发环境,从里面打开\实验程序\ADS\实验三\C.mcp 项目文件,进行编译。

(5)编译通过后,进入 ADS1.2 调试界面,加载\实验程序\ADS\实验三\C_Data\Debug 中的映像文件程序映像 C.axf。

(6)打开/实验软件/tools/目录下的串口调试助手工具,配置为波特率为 115200,校验位无,数据位为 8,停止位为 1。不要选十六进制显示。之后,在 ADS 调试环境下全速运行映象文件,应出现图 1-4-1 界面。本程序连续发送 55。

下面分析一下主程序的源码。

在 C 程序前的部分为系统的初始化,这在后边 Bootloader 的章节里,要详细介绍。

```
#include "..\inc\config.h"          //嵌入包括硬件的头文件
unsigned char data;                 //定义全局变量


voidMain(void)
{
Target_Init();          //目标板初始化,定义串口的硬件初始化在
```

```
//target.c 中定义
    Delay(10);                          //延时
    data = 0x55;                        //给全局变量赋值
    while(1)
    {
        Uart_Printf("%x   ",data);//串口 0 输出
        Delay(10);
    }
}
```

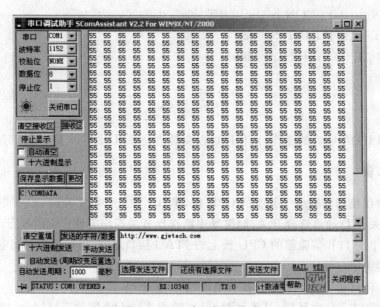

图 1-4-1　串口调试助手

六、思考题

把 data = 0x55;语句中的 0x55,换成其他 8 位数,重新编译,下载,看看串口工具上输出是什么内容?

实验五 基于 ARM 的硬件 BOOT 程序的基本设计

一、实验目的

掌握 ARM 启动的基本知识和流程。

二、实验要求

认真学习 ARM 启动的流程,单步执行程序,查看各寄存器的变化。

三、实验设备与环境

(1) EL-ARM-830+教学实验箱,PentiumⅡ以上的 PC 机。
(2) PC 操作系统 WIN98 或 WIN2000 或 WINXP,ADS1.2 集成开发环境。

四、实验步骤

(1)本实验仅使用实验教学系统的 CPU 板。在进行本实验时,LCD 电源开关、音频的左右声道开关、AD 通道选择开关、触摸屏中断选择开关等均应处在关闭状态。

(2)ARM 的启动,该实验不是演示实验,是学习启动流程的实验。

基于 ARM 芯片的应用系统,多数为复杂的片上系统,该复杂系统里,多数硬件模块都是可配置的,需要由软件来预先设置其需要的工作状态,因此在用户的应用程序之前,需要由专门的一段代码来完成对系统基本的初始化工作。由于此类代码直接面对处理器内核和硬件控制器进行编程,故一般均用汇编语言实现。

系统的基本初始化内容一般包括:分配中断向量表;初始化存储器系统;初始化各工作模式的堆栈;初始化有特殊要求的硬件模块;初始化用户程序的执行环境;切换处理器的工作模式;呼叫主应用程序。

ARM 要求中断向量表必须放置在从 0x00000000 地址开始,连续 32 个字节的空间内。每当一个中断发生后,ARM 处理器便强制把 PC 指针指向对应中断类型的向量表中的地址。因为每个中断只占据向量表中 4 个字节的存储空间,只能放置一条 ARM 指令,所以,通常放一条跳转指令让程序跳转到存储器的其他地方,再执行中断处理。

1)分配中断向量表。

中断向量表的程序通常如下表示:

AREA   Init ,CODE, READONLY
ENTRY

```
        B       ResetHandler
        B       UndefHandler
        B       SWIHandler
        B       PreAbortHandler
        B       DataAbortHandler
        B.
        B       IRQHandler
        B       FIQHandler
```

其中关键字 ENTRY 是指定编译器保留这段代码,链接的时候要确保这段代码被链接在整个程序的入口地址,该地址也就是 RO 的连接地址。当 ARM 启动时,PC 指针会自动寻找该关键字从该关键字处执行,该关键字的地址应满足 4 字节对齐的地址。

当中断控制器使能外设模块为向量中断时,如定时器向量中断,ADC 向量中断,外部中断向量中断等等,外设中断向量表同理需要相应的跳转指令,以发生相应中断时从对应的中断向量表跳到存储器的某个地方,一般可选择让其跳到 SDRAM 的高端地址,然后,再跳入中断服务程序的地址,往下执行。

2)初始化存储器系统。

存储器类型,存储的容量以及时序配置、总线宽度等等。通常 Flash 和 SRAM 同属于静态存储器类型,可以合用同一个存储器端口;而 DRAM 因为有动态刷新和地址线复用等特性,通常配有专用的存储器端口。除存储器外,网络芯片的存储器相关配置,外接大容量的存储卡的配置均在此处实现。

存储器端口的接口时序优化是非常重要的,这会影响到整个系统的性能。因为一般系统运行的速度瓶颈都存在于存储器访问,所以存储器访问时序应尽可能的快;而同时又要考虑到由此带来的稳定性问题。

3)初始化堆栈。

因为 ARM 有 7 种执行状态,每一种状态的堆栈指针寄存器(SP)都是独立的。所以,对程序中需要用到的每一种模式都要给 SP 定义一个堆栈地址。方法是改变状态寄存器内的状态位,使处理器切换到不同的状态,然后给 SP 赋值。注意:不要切换到 User 模式进行 User 模式的堆栈设置,因为进入 User 模式后就不能再操作 CPSR 回到别的模式了,可能会对接下去的程序执行造成影响。

这是一段堆栈初始化的代码示例:

```
;//预定义处理器模式常量
USERMODE        EQU0x10
FIQMODE         EQU0x11
IRQMODE         EQU0x12
SVCMODE         EQU0x13
ABORTMODE       EQU     0x17
UNDEFMODE       EQU     0x1b
SYSMODE         EQU     0x1f
NOINT       EQU0xc0     // 屏蔽中断位
```

```
InitStacks
    mrs  r0,cpsr
    bic  r0,r0,#MODEMASK
    orr  r1,r0,#UNDEFMODE|NOINT
    msr  cpsr_cxsf,r1 ;//未定义模式堆栈
    ldr  sp,=UndefStack

    orr  r1,r0,#ABORTMODE|NOINT
    msr  cpsr_cxsf,r1 ;//终止模式堆栈
    ldr  sp,=AbortStack

    orr  r1,r0,#IRQMODE|NOINT
    msr  cpsr_cxsf,r1 ;//中断模式堆栈
    ldr  sp,=IRQStack

    orr  r1,r0,#FIQMODE|NOINT
    msr  cpsr_cxsf,r1 ;//快中断模式堆栈
    ldr  sp,=FIQStack

    bic  r0,r0,#MODEMASK|NOINT
    orr  r1,r0,#SVCMODE
    msr  cpsr_cxsf,r1 ;//服务模式堆栈
    ldr  sp,=SVCStack

    mov  pc,lr
    LTORG
```

4) 初始化有特殊要求的硬件模块。

比如,时钟模块,看门狗模块等。

5) 初始化应用程序执行环境。

映像一开始总是存储在 ROM/Flash 里面的,其 RO 部分即可以在 ROM/Flash 里面执行,也可以转移到速度更快的 RAM 中执行;而 RW 和 ZI 这两部分是必须转移到可写的 RAM 里去。所谓应用程序执行环境的初始化,就是完成必要的从 ROM 到 RAM 的数据传输和内容清零。

下面是在 ADS 下,一种常用存储器模型的直接实现:

```
LDR   r0,=|Image$$RO$$Limit|   得到 RW 数据源的起始地址
LDR   r1,=|Image$$RW$$Base|    RW 区在 RAM 里的执行区起始地址
```

```
LDR     r3,=|Image $ $ ZI $ $ Base|    ZI 区在 RAM 里面的起始地址
CMP     r0,r1  比较它们是否相等
BEQ     %F1
CMP     r1,r3
LDRCC   r2,[r0],#4
STRCC   r2,[r1],#4
BCC     %B0
LDR     r1,=|Image $ $ ZI $ $ Limit|
  MOV   r2,#0
CMP     r3,r1
STRCC   r2,[r3],#4
BCC     %B2
```

程序实现了 RW 数据的拷贝和 ZI 区域的清零功能。其中引用到的 4 个符号是由链接器输出的。

|Image $ $ RO $ $ Limit|：表示 RO 区末地址后面的地址，即 RW 数据源的起始地址

|Image $ $ RW $ $ Base|：RW 区在 RAM 里的执行区起始地址，也就是编译器选项 RW_Base 指定的地址

|Image $ $ ZI $ $ Base|：ZI 区在 RAM 里面的起始地址

|Image $ $ ZI $ $ Limit|：ZI 区在 RAM 里面的结束地址后面的一个地址

程序先把 ROM 中|Image $ $ RO $ $ Limt|的地址开始的 RW 初始数据拷贝到 RAM 里面|Image $ $ RW $ $ Base|开始的地址，当 RAM 这边的目标地址到达|Image $ $ ZI $ $ Base|后就表示 RW 区的结束和 ZI 区的开始，接下去就对这片 ZI 区进行清零操作，直到遇到结束地址|Image $ $ ZI $ $ Limit|。

6）改变处理器模式。

因为在初始化过程中，许多操作需要在特权模式下才能进行（比如对 CPSR 的修改），所以要特别注意不能过早的进入用户模式。

内核级的中断使能也可以考虑在这一步进行。如果系统中另外存在一个专门的中断控制器，比如三星的 S3C2410，这么做总是安全的。

7）呼叫主应用程序。

当所有的系统初始化工作完成之后，就需要把程序流程转入主应用程序。最简单的一种情况是：

IMPORT Main

B Main

直接从启动代码跳转到应用程序的主函数入口，当然主函数名字可以由用户随便定义。

在 ARM ADS 环境中，还另外提供了一套系统级的呼叫机制。

IMPORT __main

  B   __main

__main()是编译系统提供的一个函数，负责完成库函数的初始化和初始化应用程序执行

环境,最后自动跳转到 main()函数。但这要进一步设置一些参数,使用起来较复杂,随着对 ARM 的进一步的应用,可以以后使用该种方式。

可以单步执行工程文件,认真学习代码的注释,观察各存储器的变化。我们试验用实验程序\ ADS\实验四\boot.mcp 在 ADS 的开发环境的 AXD Debugger 中运行,运行之前,首先配置 options\configure target\ARMUL,选 ARMUL 是使用软件仿真。

五、思考题

单步运行程序,观察寄存器、存储器有哪些变化?

实验六 ARM 的 I/O 接口实验

一、实验目的

(1)了解 S3C2410 的通用 I/O 接口。
(2)掌握 I/O 功能的复用并熟练的配置,进行编程实验。

二、实验要求

在实验箱的 CPU 板上点亮 LED 灯 LED1、LED2,并轮流闪烁。

三、实验设备与环境

(1)EL-ARM-830+教学实验箱,PentiumII 以上的 PC 机,仿真调试电缆。
(2)PC 操作系统 WIN98 或 WIN2000 或 WINXP,ADS1.2 集成开发环境,仿真调试驱动程序。

四、实验内容

S3C2410 CPU 共有 117 个多功能复用输入输出口,分为 8 组端口:
- 4 个 16 位的 I/O 端口(PORT C、PORT D、PORT E、PORT G)
- 2 个 11 位的 I/O 端口(PORT B 和 PORT H)
- 1 个 8 位的 I/O 端口(PORT F)
- 1 个 23 位的 I/O 端口(PORT A)

这些通用的 GPI/O 接口,是可配置的,PORTA 除功能口外,它们仅用作输出使用,剩下的 PORTB、PORTC、PORTD、PORTE、PORTF、PORTG 均可作为输入输出口使用。

配置这些端口,是通过一些寄存器来实现的,这些寄存器均有各自的地址,位长 32 位。往该地址中写入相应的数据,即可实现功能及数据配置。

```
GPACON (0x56000000) //Port A control
GPADAT (0x56000004) //Port A data
GPBCON (0x56000010) //Port B control
GPBDAT (0x56000014) //Port B data
GPBUP   (0x56000018) //Pull-up control B
GPCCON (0x56000020) //Port C control
GPCDAT (0x56000024) //Port C data
```

GPCUP   (0x56000028) //Pull-up control C
GPDCON (0x56000030) //Port D control
GPDDAT (0x56000034) //Port D data
GPDUP   (0x56000038) //Pull-up control D
GPECON (0x56000040) //Port E control
GPEDAT (0x56000044) //Port E data
GPEUP   (0x56000048) //Pull-up control E
GPFCON (0x56000050) //Port F control
GPFDAT (0x56000054) //Port F data
GPFUP   (0x56000058) //Pull-up control F
GPGCON (0x56000060) //Port G control
GPGDAT (0x56000064) //Port G data
GPGUP   (0x56000068) //Pull-up control G
GPHCON (0x56000070) //Port H control
GPHDAT (0x56000074) //Port H data
GPHUP   (0x56000078) //Pull-up control H

现用 PORT G、PORT H 举例说明。对于 PORT G 相关寄存器见表 1-6-1、表 1-6-2、表 1-6-3，表 1-6-4。

表 1-6-1 PORT G 相关寄存器

寄存器	地址	R/W	描述	复位值
GPGCON	0x56000060	R/W	Port G 控制寄存器	0x0
GPGDAT	0x56000064	R/W	Port G 数据寄存器	不确定
GPGUP	0x56000068	R/W	Port G 上拉使能寄存器	0xF800
Reserved	0x5600006C	—	保留	不确定

表 1-6-2 PORT G 控制寄存器位描述

GPGCON	Bit	描述
GPG15	[31:30]	00=Input 01=Output 10=EINT23 11=nYPON
GPG14	[29:28]	00=Input 01=Output 10=EINT22 11=yMON
GPG13	[27:26]	00=Input 01=Output 10=EINT21 11=nXPON
GPG12	[25:24]	00=Input 01=Output 10=EINT20 11=xMPON
GPG11	[23:22]	00=Input 01=Output 10=EINT19 11=TCLK1
GPG10	[21:20]	00=Input 01=Output 10=EINT18 11=Reserved
GPG9	[19:18]	00=Input 01=Output 10=EINT17 11=Reserved
GPG8	[17:16]	00=Input 01=Output 10=EINT16 11=Reserved

续表

GPGCON	Bit	描述
GPG7	[15:14]	00=Input　01=Output　10=EINT15　11=SPICLK1
GPG6	[13:12]	00=Input　01=Output　10=EINT14　11=SPIMOSI1
GPG5	[11:10]	00=Input　01=Output　10=EINT13　11=SPIMISO1
GPG4	[9:8]	00=Input　01=Output　10=EINT12　11=LCD_PWREN
GPG3	[7:6]	00=Input　01=Output　10=EINT11　11=nSS1
GPG2	[5:4]	00=Input　01=Output　10=EINT10　11=nSS0
GPG1	[3:2]	00=Input　01=Output　10=EINT9　11=Reserved
GPG0	[1:0]	00=Input　01=Output　10=EINT8　11=Reserved

表1-6-3　PORT G 数据寄存器位描述

GPGDAT	Bit	描述
GPG[15:0]	[15:0]	当 Port G 定义为输入口时，外部数据通过相对应的引脚被读入 GPGDAT 相应位 当 Port G 定义为输出口时，数据写入 GPGDAT 相应位通过对应引脚被输出 当 Port G 定义为功能口，GPGDAT 数据不确定

表1-6-4　PORT G 上拉使能寄存器位描述

GPGUP	Bit	描述
GPG[15:0]	[15:0]	0=上拉功能使能 1=上拉功能失效 (GPG[15:11]在初始状态是失效的)

也就是说，在地址 0x56000060 中，给32位的每一位赋值，那么，在 CPU 的管脚上就定义了管脚的功能值。当 G 口某管脚配置成输出端口，则在 GPGDAT 对应的地址中的对应位上，写入1，则该管脚输出为高电平，写入0，则该管脚输出为低电平。若配置为功能管脚，则该管脚变成具体的功能脚。

与 PortH 相关的寄存器见表1-6-5、表1-6-6、表1-6-7、表1-6-8。

表1-6-5　PORT H 相关寄存器

寄存器	地址	R/W	描述	复位值
GPHCON	0x56000070	R/W	Port H 控制寄存器	0x0
GPHDAT	0x56000074	R/W	Port H 数据寄存器	不确定
GPHUP	0x56000078	R/W	Port H 上拉使能寄存器	0x0
Reserved	0x5600007C	—	保留	不确定

表 1-6-6　PORT H 控制寄存器位描述

GPHCON	Bit	描述
GPH10	[21:20]	00=Input　01=Output　10=CLCKOUT1　11=Reserved
GPH9	[19:18]	00=Input　01=Output　10=CLCKOUT0　11=Reserved
GPG8	[17:16]	00=Input　01=Output　10=UCLK　11=Reserved
GPH7	[15:14]	00=Input　01=Output　10=RXD2　11=nCTS1
GPH6	[13:12]	00=Input　01=Output　10=TXD2　11=nRTS1
GPH5	[11:10]	00=Input　01=Output　10=RXD1　11=Reserved
GPH4	[9:8]	00=Input　01=Output　10=TXD1　11=Reserved
GPH3	[7:6]	00=Input　01=Output　10=RXD0　11=Reserved
GPH2	[5:4]	00=Input　01=Output　10=TXD0　11=Reserved
GPH1	[3:2]	00=Input　01=Output　10=nRTS0　11=Reserved
GPH0	[1:0]	00=Input　01=Output　10=nCTS0　11=Reserved

表 1-6-7　PORT H 数据寄存器位描述

GPHDAT	Bit	描述
GPH[10:0]	[10:0]	当 Port H 定义为输入口时,外部数据通过相对应的引脚被读入 GPHDAT 相应位 当 Port H 定义为输出口时,数据写入 GPHDAT 相应位通过对应引脚被输出 当 Port H 定义为功能口,GPHDAT 数据不确定

表 1-6-8　PORT H 上拉使能寄存器位描述

GPHUP	Bit	描述
GPH[10:0]	[10:0]	0=上拉功能使能 1=上拉功能失效

也就是说,在地址 0x56000070 中,给 32 位的每一位赋值,那么,在 CPU 的管脚上就定义了管脚的功能值。当 H 口某管脚配置成输入端口,则在 GPHDAT 对应的地址中的对应位上,得到 1,则该管脚的输入为高电平,得到 0,则该管脚的输入为低电平。当 H 口某管脚配置成输出端口,则在 GPHDAT 对应的地址中的对应位上,写入 1,则该管脚输出为高电平,写入 0,则该管脚输出为低电平。若配置为功能管脚,则该管脚变成具体的功能脚。

在程序中对 GPI/O 各寄存器的读写实现,是通过给宏赋值实现的。这些宏在 2410addr.h 中定义;具体如下:

```
#define rGPACON    (*(volatile unsigned *)0x56000000) //Port A control
#define rGPADAT    (*(volatile unsigned *)0x56000004) //Port A data

#define rGPBCON    (*(volatile unsigned *)0x56000010) //Port B control
#define rGPBDAT    (*(volatile unsigned *)0x56000014) //Port B data
#define rGPBUP     (*(volatile unsigned *)0x56000018) //Pull-up control B

#define rGPCCON    (*(volatile unsigned *)0x56000020) //Port C control
#define rGPCDAT    (*(volatile unsigned *)0x56000024) //Port C data
#define rGPCUP     (*(volatile unsigned *)0x56000028) //Pull-up control C

#define rGPDCON    (*(volatile unsigned *)0x56000030) //Port D control
#define rGPDDAT    (*(volatile unsigned *)0x56000034) //Port D data
#define rGPDUP     (*(volatile unsigned *)0x56000038) //Pull-up control D

#define rGPECON    (*(volatile unsigned *)0x56000040) //Port E control
#define rGPEDAT    (*(volatile unsigned *)0x56000044) //Port E data
#define rGPEUP     (*(volatile unsigned *)0x56000048) //Pull-up control E

#define rGPFCON    (*(volatile unsigned *)0x56000050) //Port F control
#define rGPFDAT    (*(volatile unsigned *)0x56000054) //Port F data
#define rGPFUP     (*(volatile unsigned *)0x56000058) //Pull-up control F

#define rGPGCON    (*(volatile unsigned *)0x56000060) //Port G control
#define rGPGDAT    (*(volatile unsigned *)0x56000064) //Port G data
#define rGPGUP     (*(volatile unsigned *)0x56000068) //Pull-up control G

#define rGPHCON    (*(volatile unsigned *)0x56000070) //Port H control
#define rGPHDAT    (*(volatile unsigned *)0x56000074) //Port H data
#define rGPHUP     (*(volatile unsigned *)0x56000078) //Pull-up control H
```

因此,配置端口 G,在程序中也就是用如下语句即可:

rGPGCON = rGPGCON & 0xfff0ffff | 0x00050000;//配置第8、第9位为输出管脚
rGPGDAT = rGPGDAT & 0xeff|0x200;//配置第8位输出为低电平,第9位输出高电平。

其他的各功能寄存器在 2410addr.h 中也都有相应的定义,参照该做法,即可把 GPI/O 管脚配置成输入输出端口,也可把管脚配置成所需的功能管脚。

五、实验步骤

(1)本实验使用实验教学系统的 CPU 板,在进行本实验时,LCD 电源开关、音频的左右声道开关、AD 通道选择开关、触摸屏中断选择开关等均应处在关闭状态。

(2)在 PC 机并口和实验箱的 CPU 板上的 JTAG 接口之间,连接仿真调试电缆。

(3)检查连接是否可靠,可靠后,接入电源线,系统上电。

(4)打开 ADS1.2 开发环境,从里面打开\实验程序\ ADS\实验五\IO.mcp 项目文件,进行编译。

(5)编译通过后,进入 ADS1.2 调试界面,加载实验程序\ ADS\实验五\IO_Data\Debug 中的映象文件程序映像 IO.axf。

(6)在 ADS 调试环境下全速运行映象文件。观察 CPU 板左下角的 LED1、LED2 灯轮流的闪烁!这是对 GPIO 口操作的结果。

六、思考题

S3C2410 CPU 共有多少个 I/O 口,分为几个组?每个组与之相关的寄存器有哪些?各是什么功能?

实验七　ARM 的中断实验

一、实验目的

(1)掌握 ARM9 的中断原理,能够对 S3C2410 的中断资源及其相关中断寄存器的进行合理配置。

(2)掌握对 S3C2410 的中断的编程的方法。

二、实验要求

学习响应外部中断请求的配置方法,并通过响应定时器中断,执行中断服务子程序使 CPU 板上的 LED 指示灯 LED1、LED2 闪烁。

三、实验设备与环境

(1) EL‐ARM‐830＋教学实验箱,PentiumII 以上的 PC 机,仿真调试电缆。

(2) PC 操作系统 WIN98 或 WIN2000 或 WINXP,ADS1.2 集成开发环境,仿真调试驱动程序。

四、实验内容

(一)ARM 的中断原理

在 ARM 中,有两类中断,一类是 IRQ,一类是 FIQ,IRQ 是普通中断,FIQ 是快速中断,在进行大批量的复制、数据转移等工作时,常使用此类中断。FIQ 的优先级高于 IRQ。同时,它们都属于 ARM 的异常模式,当一旦有中断发生,不管是外部中断,还是内部中断,正在执行的程序都会停下,PC 指针进而跳入异常向量的地址处,若是 IRQ 中断,则 PC 指针跳到 0x18 处,若是 FIQ 中断,则跳到 0x1C 处。异常向量地址处,一般存有中断服务子程序的地址,所以,接下来 PC 指针跳入中断服务子程序中。当完成中断服务子程序后,PC 指针会返回到被打断的程序的下一条地址处,继续执行程序。这就是 ARM 中断操作的基本原理。

但是,通常由于生产 ARM 处理器的各厂家都集成了很多中断请求源,比如,串口中断、AD 中断、外部中断、定时器中断、DMA 中断等等,所以,很多中断可能同时请求中断,因此,为区分它们,更准确的完成任务,这些中断都有相应的优先级别,以及当发生中断时,它们都有相应的中断标志位,通过在发生中断是判断中断优先级,和访问中断标志位的状态来识别到底哪一个中断发生了。

(二)2410 ARM 处理器的中断的使用

首先,ARM920T CPU 的 PSR 寄存器中的 F 位为 1,则 CPU 不会响应中断控制器的 FIQ 中断,同样,ARM920T CPU 的 PSR 寄存器中的 I 位为 1,则 CPU 也不会响应中断控制器的 IRQ 中断,为使 CPU 响应中断,须在启动代码中将其设为 0,以及使 INTMSK 寄存器中的相应位置 0。

S3C2410 共有 56 个中断源,有 26 个中断控制器,外部中断 EXTIN8~23 共用一个中断控制器,外部中断 EXTIN4~7 共用一个中断控制器,9 个 UART 中断分成 3 组,共用 3 个中断控制器,ADC 和触摸屏共用一个中断控制器。

通过表 1-7-1 可以看出这些中断源之间的逻辑关系。

表 1-7-1 中断源及其描述

中断源	描述	仲裁组	中断源	描述	仲裁组
INT_ADC	数模转换结束	ARB5	INT_UART2	串行通信 2 通道	ARB2
INT_RTC	实时时钟	ARB5	INT_TIMER4	定时器	ARB2
INT_API1	串行外围设备 1 中断	ARB5	INT_TIMER3	定时器	ARB2
INT_UART0	串行通信 0 通道	ARB5	INT_TIMER2	定时器	ARB2
INT_IIC	IIC 中断	ARB4	INT_TIMER1	定时器	ARB2
INT_USBH	USB 主机	ARB4	INT_TIMER0	定时器	ARB2
INT_USBD	USB 设备	ARB4	INT_WDT	看门狗	ARB1
Reserved	不用	ARB4	INT_TICK	时钟	ARB1
INT_UART1	串行通信 1 通道	ARB4	nBATT_FLT	电池	ARB1
INT_SPI0	串行外围设备 0 中断	ARB4	Reserved	不用	ARB1
INT_SDI	SDI	ARB3	EINT[23:8]	外部中断	ARB1
INT_DMA3	DMA3 通道中断	ARB3	EINT[7:4]	外部中断	ARB1
INT_DMA2	DMA2 通道中断	ARB3	EINT3	外部中断	ARB0
INT_DMA1	DMA1 通道中断	ARB3	EINT2	外部中断	ARB0
INT_DMA0	DMA0 通道中断	ARB3	EINT1	外部中断	ARB0
INT_LCD	LCD 帧同步	ARB3	EINT0	外部中断	ARB0

中断的优先级是由主组号和从 ID 号的级别控制的。

中断优先级产生模块如图 1-7-1 所示。

从图 1-7-1 可以看出,中断优先级产生模块共有 7 个判优器,每个判优器是否使能由寄存器 PRIORITY[6:0]决定,每个判优器下面有 46 个中断源,这些中断源对应着 REQ0—REQ5 这 6 个优先级,这些优先级由寄存器 PRIORITY[20:7]的相应位决定。

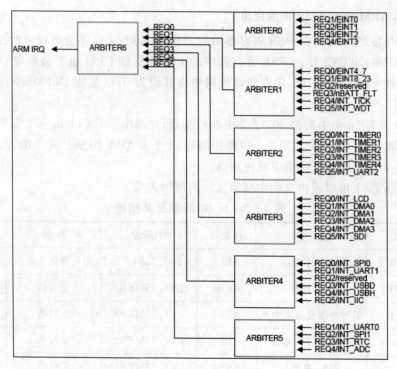

图 1-7-1 中断优先级产生模块

要正确使用 S3C2410 的中断控制器,必须设置如下的寄存器,见表 1-7-2。

表 1-7-2 中断相关寄存器

SRCPND	0x4a000000	R/W	中断源挂起寄存器,当中断产生后,相应位置位
INTMOD	0x4a000004	R/W	中断模式寄存器,设定 IRQ 或 FIQ 模式
INTMSK	0x4a000008	R/W	中断屏蔽寄存器,如果相应位置位则该中断被屏蔽
PRIORITY	0x4a00000c	R/W	中断优先级控制寄存器,设置中断优先级
INTPND	0x4a000010	R/W	中断挂起寄存器,相应位对应正在执行的中断服务
INTOFFSET	0x4a000014	R	中断源请求偏移寄存器
SUBSRCPND	0x4a000018	R/W	子中断源挂起寄存器
INTSUBMSK	0x4a00001c	R/W	子中断屏蔽寄存器

中断挂起寄存器主要是提供哪个中断有请求的标志寄存器,相应位置 1,则说明有该中断请求产生。若相应位为 0,则无该中断请求产生。

中断模式寄存器主要是配置该中断是 IRQ 型中断,还是 FIQ 型中断。

中断屏蔽寄存器的主要功能是屏蔽相应中断的请求,即使中断挂起寄存器的相应位已经置 1,若中断屏蔽寄存器相应位置 1,则中断控制器屏蔽该中断请求,也无法让 CPU 响应该中断。

INTPND 为向量 IRQ 中断服务挂起状态寄存器,当向量 IRQ 中断发生时,该寄存器内只有一位被设置,即只有当前要服务的中断标志位置位。通过读它的值,就能判断出哪个中断发生了。在 INTPND 中相应位写入数据,就能清除掉中断挂起寄存器中的中断请求标志位,以使 CPU 不再响应中断,其实,CPU 响应中断是看中断挂起寄存器中的请求标志位有没有置位,若置位,又屏蔽位打开,ARM920T 的 PSR 的 F 或 I 位也打开,那么,CPU 就响应中断,否则,有一个条件不成立,则 CPU 无法响应中断。

(三)中断编程实例

在 ADS1.2 的开发环境下,打开 HARDWARE/ADS/实验六目录下的 Interrupt.mcp 项目,在 Application/SRC/Main.c 中可以看到,主程序中,在进行目标板初始化后,程序进入死循环,等待中断!在 Startup2410/src/target.C 文件中包括对要使用的中断控制器的初始化程序,CPU 响应了该中断后的中断服务子程序。

该项目的程序流程是,按下程序启动后,初始化定时器 1,设定定时器的中断时间,然后,等待定时器中断,当定时器中断到来时,就会进入定时器中断服务子程序,而中断服务子程序会把 LED1 和 LED2 灯熄灭或点亮,从现象中看到 LED1 和 LED2 灯忽闪一次,则说明定时器发生了一次中断。最后,关闭中断请求,等待下一次的中断的到来。为使 CPU 响应中断,在中断服务子程序执行之前,必须打开 ARM920T 的 CPSR 中的 I 位,以及相应的中断屏蔽寄存器中的位。

打开相应的中断屏蔽寄存器中的位,是在 target.C 中的 void Timer1INT_Init(void)函数中,在做了这些准备后,就可以等待中断的到来了。

```
void Timer1INT_Init(void) {  //定时器接口使能
    if ((rINTPND & BIT_TIMER1)) {
rSRCPND |= BIT_TIMER1;
    }
    pISR_TIMER1 = (int)Timer1_ISR;
    rINTMSK &= ~(BIT_TIMER1);   //开中断
}
```

TIMER1INT_Init()函数已在 Target_Init()中调用。

五、实验步骤

(1)本实验仅使用实验教学系统的核心 CPU 板。在进行本实验时,LCD 电源开关,音频的左右声道开关、AD 通道选择开关、触摸屏中断选择开关等均应处在关闭状态。

(2)在 PC 机并口和实验箱的 CPU 板上的 JTAG 接口之间,连接仿真调试电缆。

(3)检查连接是否可靠,可靠后,接入电源线,系统上电。

(4)打开 ADS1.2 开发环境,打开\实验程序\ ADS\实验六\Interrupt.mcp 项目文件,进行编译。

(5)编译通过后,进入 ADS1.2 调试界面,加载\实验程序\ADS\实验六\Interrupt_Data\Debug 中的映象文件程序映像 Interrupt.axf。

(6)在 ADS 调试环境下全速运行映象文件。观察 LED1 和 LED2 的变化！这是对 GPIO 口操作的结果。LED1 和 LED2 灯会由于定时中断的 1 s 发生一次，而 1 s 闪烁一次！也可以改变闪烁的频率，即改变 Startup2410\target.c 文件内的 void Timer1_init(void)函数里的 rTCNTB1＝48 828 的赋值。

六、思考题

数字量越小还是越大，闪烁频率越快。编译全速运行，观看结果，看闪烁频率是否发生了改变？

实验八 ARM 的 DMA 实验

一、实验目的

(1)了解并熟悉 DMA 的概念及其工作原理。
(2)掌握 DMA 相应的寄存器配置。
(3)能够用 C 编写相应的程序。

二、实验要求

在实验箱的 CPU 板上运行程序,在串口助手上显示 DMA 发送的数据。

三、实验设备与环境

(1) EL-ARM-830+教学实验箱,PentiumⅡ以上的 PC 机,仿真调试电缆,串口电缆。
(2) PC 操作系统 WIN98 或 WIN2000 或 WINXP,ADS1.2 集成开发环境,仿真调试驱动程序。

四、实验原理

在实验七中讲过,中断方式是在 CPU 的控制下进行的,中断方式尽管可以实时的响应外部中断源的请求,但由于它需要额外的开销时间,以及中断处理服务时间,使得中断的响应频率受到限制。当高速外设与计算机系统进行信息交换时,若采用中断方式,CPU 将会频繁的出现中断而不能完成主要任务或者根本来不及响应中断而造成数据的丢失现象,因而传输速率受 CPU 运行指令速度的限制。采取 DMA 方式,即(Direct Memory Acess),可以确保外设和计算机系统进行高速信息交换。这种方式是存储器与外设在 DMA 控制器的控制下直接传送数据而不通过 CPU,传输速率主要取决于存储器存取速度。它为高速 I/O 设备和存储器之间的批量数据交换提供了直接的传输通道。这里,'直接'的含义是在 DMA 传输过程中,DMA 控制器负责管理整个操作,CPU 不参与管理。S3C2410 有 4 个通道控制器,本节的程序是用 DMA 方法实现串口数据的发送,故使用 BDMA。

S3C241 每个 DMA 通道有 9 个控制寄存器,4 个通道共有 36 个寄存器。每个通道的 9 个控制寄存器中有 6 个用于控制 DMA 传输,另外 3 个用于监控 DMA 控制器的状态,要进行 DMA 操作,首先要正确的对 S3C2410 相关寄存器进行配置,相关寄存器介绍如下:

(1)DMA 初始化源地址寄存器(DISRC)。

在表 1-8-1 中,DMA 初始化源寄存器(DISRC)用于存放要传输的源数据的起始地址。

表 1-8-1　DMA 初始化源地址寄存器(DISRC)

寄存器	地址	R/W	描述	复位值
DISRC0	0x4B000000	R/W	DMA0 初始化源寄存器	0x00000000
DISRC1	0x4B000040	R/W	DMA1 初始化源寄存器	0x00000000
DISRC2	0x4B000080	R/W	DMA2 初始化源寄存器	0x00000000
DISRC3	0x4B0000C0	R/W	DMA3 初始化源寄存器	0x00000000

(2) DMA 初始化目标地址寄存器(DIDST)。

在表 1-8-2 中,DMA 初始化源目标地址寄存器(DIDST)用于存放要传输目标的起始地址。

表 1-8-2　DMA 初始化目标地址寄存器(DIDST)

寄存器	地址	R/W	描述	复位值
DIDST0	0x4B000008	R/W	DMA0 初始化目标地址寄存器	0x00000000
DIDST1	0x4B000048	R/W	DMA1 初始化目标地址寄存器	0x00000000
DIDST2	0x4B000088	R/W	DMA2 初始化目标地址寄存器	0x00000000
DIDST3	0x4B0000C8	R/W	DMA3 初始化目标地址寄存器	0x00000000

(3) DMA 初始化源控制寄存器(DISRCC)。

在表 1-8-3 中,DMA 初始化源控制寄存器(DISRCC)用于控制源数据在 AHB 总线还是 APB 总线上并控制地址增长方式。

表 1-8-3　DMA 初始化源控制寄存器(DISRCC)

寄存器	地址	R/W	描述	复位值
DISRCC0	0x4B000004	R/W	DMA~DM3 初始化源控制寄存器 位[1]:位[1]=0,源数据在 AHB 总线上;位[1]=1,源数据在 APB 总线上 位[0]:位[1]=0,传送数据后,源地址增加 位[1]=1,地址固定不变	0x00000000
DISRCC1	0x4B000044	R/W		
DISRCC2	0x4B000084	R/W		
DISRCC3	0x4B0000C4	R/W		

(4) DMA 初始化目标控制寄存器(DIDSTC)。

在表 1-8-4 中,DMA 初始化目标控制寄存器(DIDSTC)用于控制目标数据在 AHB 总线还是 APB 总线上并控制地址增长方式。

表 1-8-4　初始化目标控制寄存器(DIDSTC)

寄存器	地址	R/W	描述	复位值
DIDSTC0	0x4B00000C	R/W	DMA~DM3 初始化目标控制寄存器 位[1]:位[1]=0,源数据在 AHB 总线上;位[1]=1,源数据在 APB 总线上 位[0]:位[1]=0,传送数据后,源地址增加 位[1]=1,地址固定不变	0x00000000
DIDSTC1	0x4B00004C	R/W		
DIDSTC2	0x4B00008C	R/W		
DIDSTC3	0x4B0000CC	R/W		

(5)DMA 控制寄存器。

在表 1-8-5 中,有 4 个 DMA 控制寄存器 DCON n(n=0,1,2,3),DMA 控制寄存器的位描述见表 1-8-6。

表 1-8-5　DMA 控制寄存器的位描述

寄存器	地址	R/W	描述	复位值
DCON0	0x4B000010	R/W	DMA0 控制寄存器	0x00000000
DCON1	0x4B000050	R/W	DMA1 控制寄存器	0x00000000
DCON2	0x4B000090	R/W	DMA2 控制寄存器	0x00000000
DCON3	0x4B0000D0	R/W	DMA3 控制寄存器	0x00000000

表 1-8-6　DMA 控制寄存器的位描述

DCONn	位	描述
DMD_HS	[31]	选择请求模式或握手模式 0:请求模式　1:握手模式
SYNC	[30]	选择同步模式 0:DREQ 和 DACK 与 APB 时钟同步 1:DREQ 和 DACK 与 AHB 时钟同步
INT	[29]	当计数器到达 0 时是否使能中断 0:禁止中断　1:使能中断
TSZ	[28]	选择传输单位的大小 0:单位传输　1:长度为 4 的猝发式传输
SERVMODE	[27]	选择服务模式 0:单服务模式 1:整服务模式
HWSRCSEL	[26:24]	为 DMA 设置 DMA 请求源. DCON0：000：nXDREQ0 001：UART0 010：SDI 011：Timer 100：USB device EP1 DCON1：000：nXDREQ1 001：UART1 010：I2SSDI 011：SPI 100：USB device EP2 DCON2：000：I2SSDO 001：I2SSDI 010：SDI 011：Timer 100：USB device EP3 DCON3：000：UART2 001：SDI 010：SPI 011：Timer 100：USB device EP4

续表

DCONn	位	描述
SWHW_SE L	[23]	在 DMA 软件请求源和硬件请求源之间选择 0：软件请求模式，DMA 通过设置 DMASKTRIG 寄存器 SW_TRIG 位触发 1：硬件请求模式，DMA 通过本寄存器的 HWSRCSEL 位设置来触发
RELOAD	[22]	当当前计数器值等于零后是否重新加载 0：自动加载　1：DMA 通道关闭，不重新加载
DSZ	[21:20]	传输数据的大小 0：字节　1：半字　2：字　3：保留
TC	[19:0]	初始化计数器，在这里设置计数器的值

五、实验步骤

(1) 本实验使用实验教学系统的 CPU 板，在进行本实验时，LCD 电源开关、音频的左右声道开关、AD 通道选择开关、触摸屏中断选择开关等均应处在关闭状态。

(2) 在 PC 机并口和实验箱的 CPU 板上的 JTAG 接口之间，连接仿真调试电缆，以及串口间连接公/母接头串口线。

(3) 检查连接是否可靠，可靠后，接入电源线，系统上电。

(4) 打开 ADS1.2 开发环境，从里面打开\实验程序\ADS\实验七\DMA.mcp 项目文件，进行编译。打开/实验软件/tools/目录下的串口调试助手工具，配置为波特率为 115200，校验位无，数据位为 8，停止位为 1。

(5) 编译通过后，进入 ADS1.2 调试界面，加载\实验程序\ ADS\实验七\DMA_Data\Debug 中的映象文件程序映像 DMA.axf。

(6) 在 ADS 调试环境下，在主程序 Main 函数中的 rDMASKTRIG0 = (1<<1);处设置断点，全速运行映象文件到该处。下一步单步运行，在串口助手的接收栏中，将接收 50 个字符，在串口助手的最下栏可以看到接收的字符数，而此时 CPU 已经停止，但是串口仍然在发送数据，这些数据的传送就是通过 DMA 控制器发送的，它没有通过 CPU，这说明了 DMA 的直接存储器访问的功能得以实现。

六、思考题

与 DMA 相关的寄存器有哪些？各是什么功能？

实验九　ARM 的 A/D 接口实验

一、实验目的

(1)学习 A/D 接口原理。
(2)掌握 S3C2410 的 AD 相关寄存器的配置及编程应用方法。

二、实验要求

(1)学习 A/D 接口原理,了解实现 A/D 系统对于系统的软件和硬件要求。
(2)掌握 ARM 的 A/D 相关寄存器的功能,熟悉 ARM 系统硬件的 A/D 相关接口。

三、实验设备与环境

(1) EL-ARM-830+教学实验箱,PentiumⅡ以上的 PC 机,仿真调试电缆,串口电缆。
(2)PC 操作系统 WIN98 或 WIN2000 或 WINXP,ADS1.2 集成开发环境,仿真调试驱动程序。

四、实验原理

A/D 转换器是模拟信号和 CPU 之间联系的接口,它是将连续变化的模拟信号转换为数字信号,以供计算机和数字系统进行分析、处理、存储、控制和显示。在工业控制和数据采集及许多其他领域中,A/D 转换是不可缺少的。

1. A/D 转换器

按照转换速度、精度、功能以及接口等因素,常用的 A/D 转换器有以下两种:

(1) 双积分型的 A/D 转换器。

双积分型也称为二重积分式,其实质是测量和比较两个积分的时间,一个是对模拟信号电压的积分时间 T,此时间常是固定的,另一个是以充电后的电压为初值,对参考电源 Vn 的反向积分,积分电容被放电至零,所需的时间 Ti。模拟输入电压 Vi 与参考电压 Vref 之比,等于上述两个时间之比。由于 Vref、T 时间固定,而放电时间 Ti 可以测出,因而可以计算出模拟输入电压的大小。

(2)逐次逼近型的 A/D 转换器。

逐次逼近型也称为逐位比较式,它的应用比积分型更为广泛,通常主要有逐次逼近寄存器 SAR、D/A 转换器、比较器以及时序和逻辑控制等部分组成。通过逐次把设定的 SAR 寄存器中的数字量经 D/A 转换后得到电压 Vc 与待转换模拟电压 V0 进行比较。比较时,先从 SAR 的最高位开始,逐次确定各位的数码应为 1 还是 0,而得到最终的转换值。其工作原理为:转换前,先将 SAR 寄存器各位清零,转换开始时,控制逻辑电路先设定 SAR 寄存器的最高位为 1,其余各位为 0,此值经 D/A 转换器转换成电压 V_c,然后将 V_c 与输入模拟电压 V_x 进行比较。如果 V_x 大于等于 V_c,说明输入的模拟电压高于比较的电压,SAR 最高位的 1 应保留;如果 V_x 小于 V_c,说明 SAR 的最高位应清除。然后在 SAR 的次高位置 1,依上述方法进行 D/A 转换和比较。如此反复上述过程,直至确定出 SAR 寄存器的最低位为止,此过程结束后,状态线改变状态,表明已完成一次转换。最后,逐次逼近寄存器 SAR 中的数值就是输入模拟电压的对应数字量。位数越多,越能准确逼近模拟量,但转换所需的时间也越长。

2. S3C2410 的 A/D 的工作介绍

S3C2410 的 A/D 转换器包含一个 8 路模拟输入混合器,可以将模拟输入信号转换成 10 位数字编码。在 A/D 转换时钟为 2.5MHz 时,其最大转换率为 500KSPS。A/D 转换操作支持片上采样保持功能和掉电模式。

特征如下:

最大转换速率:500ksps　输入电压范围:0～3.3V

在正确使用 S3C2410 的 A/D 进行采集实验前,首先要配置相关的寄存器组。

表 1-9-1,表 1-9-2 分别为 A/D 转换寄存器的配置说明。

表 1-9-1　A/D 转换控制寄存器

寄存器	地址	R/W	描述	复位值
ADCCON	0x58000000	R/W	ADC 控制寄存器	0x3FC4

表 1-9-1　A/D 转换控制寄存器位描述

ADCCON	Bit	描述	初始值
ECFLG	[15]	A/D 转换结束状态标志(只读) 0 = A/D 转换中　1 = A/D 转换结束	0
PRSCEN	[14]	预分频器使能位 0 = 不允许分频　　　1 = 允许预分频	0
PRSCVL	[13:6]	A/D 转换器前置分频器数值设置,数值取值范围:1～255 注意:当前置分频器数值为 N 时,分频数值为 N+1	0xFF
SEL_MUX	[5:3]	模拟输入通道选择 000 = AIN0　001 = AIN1　010 = AIN2　011 = AIN3　100 = AIN4　101 = AIN5　110 = AIN6　111 = AIN7	0
STDBM	[2]	备用(Standby)模式选择 0 = 普通方式　　　1 = 备用模式	1
READ_START	[1]	利用读操作来启动 A/D 转换 0 = 不使能读操作启动　1 = 使能读操作启动	0
ENABLE_START	[0]	A/D 转换通过将该位置 1 来启动,如果 READ_START 位有效(READ_START=1),则该位无效 0 = 无操作;1 = 启动 A/D 转换,之后该位自动清除	0

表1-9-3,表1-9-4分别为A/D转换器转换模式的配置说明。

表1-9-3　A/D转换器转换模式寄存器

寄存器	地址	R/W	描述	复位值
ADCTSC	0x58000004	R/W	ADC触摸屏控制寄存器	0x58

表1-9-3　A/D转换器转换模式寄存器位描述

ADCTSC	Bit	描述	初始值
Reserved	[8]	这位值为0	0
YM_SEN	[7]	选择YMON的输出值 0= YMON输出为0(YM=Hi-Z) 1= YMON输出为1(YM=GND)	0
YP_SEN	[6]	选择nYPON的输出值 0= YMON输出为0(YP=外部电压) 1= YMON输出为1(YP相连AIN[5])	1
XM_SEN	[5]	选择XMON的输出值 0= XMON输出为0(XM=高阻) 1= XMON输出为1(XM=GND)	0
XP_SEN	[4]	选择nXPON的输出值 0= XMON输出为0(XP=外部电压) 1= XMON输出为1(XP相连AIN[7])	1
PULL_UP	[3]	上拉开关使能 0=XP上拉使能 1=XP上拉不使能	1
AUTO_PST	[2]	X位置和Y位置自动顺序转换 0=正常ADC转换模式 1=自动顺序X/Y位置转换模式	0
XY_PST	[1:0]	X位置或Y位置的手动测量 00=无操作模式;01=X位置测量 10=Y位置测量;11=等待中断	0

在普通AD转换时,AUTO_PST和XY_PST都设置成0即可,其他各位与触摸屏有关,可以忽略,不需设置。

表1-9-5,表1-9-6分别为A/D转换器数据寄存器的说明。

表1-9-5 A/D 转换器数据寄存器

寄存器	地址	R/W	描述	复位值
ADCDAT0	0x5800000C	R/W	ADC 数据寄存器	—

表1-9-6 A/D 转换器数据寄存器位描述

ADCDAT0	Bit	描述	初始值
UPDOWN	[15]	等待中断模式时,触笔的状态为上还是下 0:触笔为下状态 1:触笔为上状态	—
AUTO_PST	[14]	X 位置和 Y 位置的自动顺序转换 0:正常 A/D 转换 1:X/Y 位置自动顺序测量	—
XY_PST	[13:12]	手动测量 X 位置或 Y 位置 00:无操作模式 01:测量 X 位置 10:测量 Y 位置 11:等待中断模式	—
Reserved	[11:10]	保留	—
XPDATA (Normal ADC)	[9:0]	X 位置的转换数据值(包含正常 A/D 转换的数据值)。 取值范围:0~3FF	—

这个数据寄存器是只读,可以读取 A/D 转换的数字量,9～0 位是转换后的数字量。根据具体的程序要求,正确配置各寄存器。

现举例如下:(仔细分析转换过程)

```
int Get_AD(unsigned char ch) {
    int i;
    int val=0;
    if(ch>7)   return 0;//通道不能大于 7
    for(i=0;i<16;i++) {//为转换准确,转换 16 次
        rADCCON |= 0x1;                              //启动 A/D 转换
        rADCCON = rADCCON & 0xffc7 | (ch<<3);
        while (rADCCON & 0x1);           //避免第一个标志出错
        while (! (rADCCON & 0x8000));    //避免第二个标志出错
        val += (rADCDAT0 & 0x03ff);
        Delay(10);
    }
    return (val>>4);    //为转换准确,除以 16 取均值
```

}
```
void AD_Init(void){
    rADCDLY  = (0x100);    // ADC Start or Interval Delay
    rADCTSC  = 0;    // 设置成为 ADC 模式
    rADCCON=(1<<14)|(49<<6)|(ch<<3)|(0<<2)|(0<<1)|(0)
            ;//设置 ADC 控制寄存器
}
```
注:rADCCON,这种宏形式,在 Startup2410/INC/2410addr.h 中已定义!

六、实验步骤

(1)本实验使用实验教学系统的 CPU 板、串口、AD 通道选择开关、LCD 单元。在进行本实验时,音频的左右声道开关、触摸屏中断选择开关等均应处在关闭状态。

(2)在 PC 机并口和实验箱的 CPU 板上的 JTAG 接口之间,连接仿真调试电缆,以及串口间连接公/母接头串口线。

(3)检查连接是否可靠,可靠后,接入电源线,系统上电。拨码开关 SW5 为选中的 A/D 转换的通道,值得注意的是本实验系统八个通道可以同时采集一个信号源。实验时要选中采集的通道号,即对应的 SW5 开关拨到 ON 状态。例如 SW3 的 1 拨到 ON 状态,说明用 AD 转换器的通道 1 采集,如果 8 个通道全部选择为 ON,则表示用 8 个通道采集。本实验程序使用通道 1 采集数据,所以,SW5 的 1 应该拨到 ON 状态。要给 ADIN 一个输入信号,可以是底板上的 SQUARE 信号和 SINE 信号,也可是外部信号。但是必须注意,接外部电压信号时,要共地,信号的电压范围为 0~2.5V。

(4)打开 ADS1.2 开发环境,从里面打开\实验程序\ADS\实验九\AD.mcp 项目文件,进行编译。

(5)编译通过后,进入 ADS1.2 调试界面,加载\实验程序\ADS\实验九\AD_Data\Debug 中的映象文件程序映像 AD.axf。

(6)在 ADS 调试环境下,全速运行映象文件。打开 LCD 电源开关,检查 SW5 上选择的是通道几。确认后,观察 LCD 上 1 通道当前采集的情况。由于液晶的显示速度比波型慢许多,所以要暂停程序才会看到比较清楚的波形。由于信号源输出后,电压经过缩放和偏置处理。使得 ARM CPU 板所采集到的电压值的变化范围不足 0~2.5V,故而采集到的数字值,不能满程。但这些不会影响实验原理的显示。

七、思考题

(1)A/D 转换的重要指标包括哪些?
(2)ARM 中与 A/D 转换器相关寄存器有哪几个?对应的地址是什么?

实验十　模拟输入输出接口的实验

一、实验目的

(1) 学习模拟输入输出接口的原理。
(2) 掌握接口程序实现的基本方法。

二、实验要求

在实验箱的 CPU 板上运行程序，按下相应的输入带锁键，与它对应的 LED 灯显示电平的高低，同时，LCD 上显示相应的数据值。

三、实验设备与环境

(1) EL-ARM-830+教学实验箱，PentiumⅡ 以上的 PC 机，仿真调试电缆。
(2) PC 操作系统 WIN98 或 WIN2000 或 WINXP，ADS1.2 集成开发环境，仿真调试驱动程序。

四、实验原理

本实验为模拟输入输出接口的实验，其基本原理就是使用一片缓冲芯片 74LS244 来把 CPU 外面的输入数据写入 CPU 的并行总线上，之后，并行总线上的数据被一片数据锁存芯片 74LS273 保留，CPU 通过选中锁存芯片，并读取预先设给锁存器地址内的内容，就可以把数据读出，来确定外面的数据的高低。本实验的输入是用 8 个带锁的按键的按下和未按下两种工作状态来表示输入接口的高低状态，然后，再通过 8 个 LED 灯亮和灭两种工作状态，以及 LCD 上用数据值来清楚的反映各状态的输出显示，从而完成模拟的输入输出接口的实现。

在 C 程序中的实现如下程序所示：

```
while(1) {
for(i=0;i<1000;i++);
rrr = ( * (volatile unsigned char * )0x20000016);//CPU 把值写入并行数据总线
d0 = rrr>>7&1;
d1 = rrr>>6&1;
d2 = rrr>>5&1;
d3 = rrr>>4&1;
d4 = rrr>>3&1;
```

```
d5 = rrr>>2&1;
d6 = rrr>>1&1;
d7 = rrr>>0&1;
data = (d7<<7|d6<<6|d5<<5|d4<<4|d3<<3|d2<<2|d1<<1|d0);
(*(volatile unsigned char *)0x20000000) = data;//CPU把总线值写入锁存器
for(i=0;i<1000;i++);
  if (data! = data_pre) {
Set_Color(GUI_YELLOW);
Set_Font(&GUI_Font8x16);
Disp_BinAt(data,170,120,8);//显示二进制数据
Disp_HexAt(data,170,140,4);//显示十六进制数据
Disp_DecAt(data,170,160,3);//显示十进制数据
data_pre = data;
}
}
```

五、实验步骤

(1)本实验使用实验教学系统的 CPU 板,LCD 单元。在进行本实验时,音频的左右声道开关、触摸屏中断选择开关、AD 通道选择开关等均应处在关闭状态。

(2)在 PC 机并口和实验箱的 CPU 板上的 JTAG 接口之间,连接仿真调试电缆,以及串口间连接公/母接头串口线。

(3)检查连接是否可靠,可靠后,接入电源线,系统上电,按下 LCD 电源开关。

(4)打开 ADS1.2 开发环境,从里面打开\实验程序\ ADS\实验十\IO_SIM.mcp 项目文件,进行编译。

(5)编译通过后,进入 ADS1.2 调试界面,加载实验程序\ ADS\实验十\IO_SIM_Data\Debug 中的映象文件程序映像 IO_SIM.axf。

(6)在 ADS 调试环境下全速运行映像文件。LCD 上有图形显示后,按下实验箱下部一排中的任一模拟输入的带锁键值,观察 8 位数码管上方的 8 个 LED 灯的亮灭情况,以及 LCD 上的显示情况。每个按键代表 1 个数字位,按键均不按下,代表数字量为 255,全按下为 0,每个按键的都是 2 的权值,在不按下时,最靠近键盘的按键代表 1,之后依次是 2,4,8,16,32,64,128。按下时均代表 0。该实验是从数据总线上把检测到的数据变化,锁存到锁存器中,然后又从总线上读出数据,显示到 LCD 上,来模拟 I/O 实现。

六、思考题

74LS244 和 74LS273 各自的功能是什么?

实验十一　键盘接口和七段数码管的控制实验

一、实验目的

(1)学习 4×4 键盘与 CPU 的接口原理。
(2)掌握键盘芯片 HD7279 的使用,及 8 位数码管的显示方法。

二、实验要求

通过 4×4 按键完成在数码管上的各种显示功能,以及 LCD 上显示。

三、实验设备与环境

(1) EL-ARM-830+教学实验箱,PentiumⅡ以上的 PC 机,仿真调试电缆。
(2)PC 操作系统 WIN98 或 WIN2000 或 WINXP,ADS1.2 集成开发环境,仿真调试驱动程序。

四、实验原理

键盘和 7 段数码管的控制实验,是通过键盘的控制芯片 HD7279A 来完成的。它的信号线及控制线连接到 S3C2410 上,驱动线直接连到 8 位共阴的 7 段数码管上。由于其芯片的接口电压是 5V 的,而 S3C2410 的接口电压是 3.3V,所以,HD7279A 的信号、控制线经过 CPLD 把电压转换到 3.3V,然后送入 CPU 中。

HD7279 是一片具有串行接口的可同时驱动 8 位共阴式数码管或独立的 LED 的智能显示驱动芯片。该芯片同时还可连接多达 64 键的键盘矩阵,单片即可完成显示键盘接口的全部功能。内部含有译码器可直接接受 BCD 码或 16 进制码并同时具有两种译码方式。此外还具有多种控制指令如消隐、闪烁、左移、右移、段寻址等,具有片选信号可方便地实现多于 8 位的显示或多于 64 键的键盘接口。

HD7279 在与 S3C2410 接口中,它使用了 4 根接口线。片选信号 CS(低电平有效),时钟信号 CLK,数据收发信号 DATA,中断信号 KEY(低电平送出),EL-ARM-830+实验箱与其的接口中,使用了三个通用 I/O 接口和一个外部中断,实现了与 HD7279A 的连接,S3C2410 的外部中断接 HD7279 的中断 KEY,三个 I/O 口分别与 HD7279A 的其他控制、数据信号线相连。HD7279 的其他管脚分别接 4×4 按键和 8 位数码管。

当程序运行时,按下按键,平时为高电平的 HD7279A 的 KEY 就会产生一个低电平,送给 S3C2410 的外部中断 5 请求引脚,在 CPU 中断请求位打开的状态下,CPU 会立即响应外部中断 5 的请求,PC 指针就跳入中断异常向量地址处,进而跳入中断服务子程序中,由于外部中断 4,5,6,7 使用同一个中断控制器,所以,还必须判断一个状态寄存器,判断是否是外部中断 5 的中断请求,当判断出是外部中断 5 的中断请求,则程序继续执行,CPU 这时,通过发送 CS 片选信号选中 HD7279A,再发送时钟 CLK 信号和通过 DATA 线发送控制指令信号给 HD7279A,HD7279A 得到 CPU 发送的命令后,识别出该命令,然后,扫描按键,把得到键值回送给 CPU,同时,在 8 位数码管上显示相关的指令内容,CPU 在得到按键后,有时,程序还会给此键值一定的意义,然后再通过识别此按键的意义,进而进行相应的程序处理。

五、实验步骤

(1)本实验使用实验教学系统的 CPU 板,键盘,8 位数码管。在进行本实验时,AD 通道选择开关、LCD 电源开关、音频的左右声道开关、触摸屏中断选择开关等均应处在关闭状态。

(2)在 PC 机并口和实验箱的 CPU 板上的 JTAG 接口之间,连接仿真调试电缆。

(3)检查连接是否可靠,可靠后,接入电源线,系统上电。

(4)打开 ADS1.2 开发环境,从里面打开\实验程序\ ADS\实验十一\Key_Led.mcp 项目文件,进行编译。

(5)编译通过后,进入 ADS1.2 调试界面,加载实验程序\ADS\实验十一\Key_Led_Data\Debug 中的映象文件程序映像 Key_Led.axf。

(6)在 ADS 调试环境下全速运行映象文件。按下任意键值,观察数码管的显示。说明:"0"键表示数码管测试,8 个数码管闪烁,"4"键表示数码管复位,"1"键表示数码管右移 8 位,"2"键表示数码管循环右移,"9"键表示数码管左移 8 位,"A"键表示数码管循环左移。其他按键在最右两个数码管上显示键值。

六、思考题

HD7279A 的功能及其特点是什么?

实验十二 LCD 的显示实验

一、实验目的

(1)学习 LCD 与 ARM 的 LCD 的控制器的接口原理。
(2)掌握内置 LCD 控制器驱动编写方法。
(3)学习调用简单的 GUI 绘图。

二、实验要求

(1)学习 LCD 显示器的基本原理,理解其驱动程序方法。
(2)编程实现在 320X240 的彩色 LCD 上显示点、线、圆,设置颜色、改变颜色、显示英文、显示汉字,填充区域等基本绘制功能。

三、实验设备与环境

(1)EL-ARM-830+-S3C2410 教学实验箱,PentiumⅡ以上的 PC 机,仿真调试电缆。
(2)PC 操作系统 WIN98 或 WIN2000 或 WINXP,ADS1.2 集成开发环境,仿真调试驱动程序。

四、实验原理

液晶的物理特性是:当通电时导通,排列变的有秩序,使光线容易通过;不通电时排列混乱,阻止光线通过。让液晶如闸门般地阻隔或让光线穿透。从技术上简单地说,液晶面板包含了两片相当精致的无钠玻璃素材,称为 Substrates,中间夹着一层液晶。当光束通过这层液晶时,液晶本身会排排站立或扭转呈不规则状,因而阻隔或使光束顺利通过。大多数液晶都属于有机复合物,由长棒状的分子构成。在自然状态下,这些棒状分子的长轴大致平行。将液晶倒入一个经精良加工的开槽平面,液晶分子会顺着槽排列,所以假如那些槽非常平行,则各分子也是完全平行的。

LCD(液晶显示器)的基本原理就是通过给不同的液晶单元供电,控制其光线的通过与否,从而达到显示的目的。因此,LCD 的驱动归于对每个液晶单元的通断电的控制,每个液晶单元都对应着一个电极,对其通电,便可使光线通过(也有刚好相反的,即不通电时光线通过,通电时光线不通过)。

通常我们常用的 LCD 显示模块,有两种,一是带有驱动电路的 LCD 显示模块,一是不带驱动电路的 LCD 显示屏。大部分 ARM 处理器中都集成了 LCD 的控制器,所以,针对 ARM 芯片,一般不使用带驱动电路的 LCD 显示模块。

S3C2410 中具有内置的 LCD 控制器,它能将显示缓存(在 SDRAM 存储器中)中的 LCD 图像数据传输到外部的 LCD 驱动电路上的逻辑功能。它支持单色、4 级、16 级灰度 LCD 显示,以及 8 位彩色、12 位彩色 LCD 显示。在显示灰度时,它采用时间抖动算法(time-based dithering algorithm)和帧率控制(Frame Rate Control)方法;在显示彩色时,它采用 RGB 的格式,即 RED、GREEN、BLUE,三色混合调色。通过软件编程,可以实现 332 的 RGB 调色的格式。对于不同尺寸的 LCD 显示器,它们会有不同垂直和水平象素点、不同的数据宽度、不同的接口时间及刷新率,通过对 LCD 控制器中的相应寄存器写入不同的值,来配置不同的 LCD 显示板。

S3C2410 中内置的 LCD 控制器提供了下列外部接口信号(CPU 引脚),见表 1-12-1。

表 1-12-1 LCD 控制器外部引脚

CPU 引脚	描述
VFRAME	LCD 控制器和 LCD 驱动器之间的帧同步信号。它通知 LCD 屏开始显示新的一帧,LCD 控制器在一个完整帧的显示后发出 VFRAME 信号
VLINE	LCD 控制器和 LCD 驱动器间的同步脉冲信号,LCD 驱动器通过它来将水平移位寄存器中的内容显示到 LCD 屏上。LCD 控制器在一整行数据全部传输到 LCD 驱动器后发出 VLINE 信号
VCLK	LCD 控制器和 LCD 驱动器之间的象素时钟信号,LCD 控制器在 VCLK 的上升沿发送数据,LCD 驱动器在 VCLK 的下降沿采样数据
VM	LCD 驱动器所使用的交流信号。LCD 驱动器使用 VM 信号改变用于打开或关闭象素的行和列电压的极性。VM 信号在每一帧触发,也可通过编程在一定数量的 VLINE 信号后触发
LCD_PWREN	LCD 面板电源使能控制信号
VD[23:0]	LCD 象素数据输出端口

LCD 控制器包含 REGBANK, LCDCDMA, VIDPRCS, TIMEGEN 和 LPC3600。REGBANK 具有 17 个可编程寄存器,用于配置 LCD 控制器。LCDCDMA 为专用的 DMA,它可以自动地将显示数据从帧内存中传送到 LCD 驱动器中。通过专用 DMA,可以实现在不需要 CPU 介入的情况下显示数据。VIDPRCS 从 LCDCDMA 接收数据,将相应格式(比如 4/8 位单扫描和 4 位双扫描显示模式)的数据通过 VD[23:0]发送到 LCD 的驱动器上。TIMEGEN 包含可编程的逻辑,以支持常见的 LCD 驱动器所需要的不同接口时间和速率的要求。TIMEGEN 部分产生 VFRAME,VLINE, VCLK, VM 等信号。

如图 1-12-1 所示,该图揭示了 LCD 彩色图像数据在 LCD 的显示缓存中的存放结构,以及彩色图像数据在 LCD 液晶屏上是如何显示的规则。

320x240 像素的 8 位数据的 256 彩色 LCD 屏,显示一屏所需的显示缓存为

320×240×8bit，即 76 800 字节，在显示缓存中每个字节，如图 1-12-1（b）所示，都对应着屏上的一个象素点，因此，8 位 256 彩色显示的显示缓存与 LCD 屏上的象素点是字节对应的。每个字节中又有 RGB 格式的区分，既有 332 的 RGB，又有 233 的 RGB 格式，这因硬件而定。在彩色图像显示时，首先要给显示缓存区一个首地址，这个地址要在 4 字节对齐的边界上，而且，需要在 SDRAM 的 4MB 字节空间之内。它是通过配置相应的寄存器来实现的。之后，接下来的 76 800 字节，就为显示缓存区，这里的数据会直接显示到 LCD 屏上去。屏上图像的变化是由于该显示缓存区内数据的变化而产生的。在了解了 8 位彩色 LCD 显示原理之后，通过正确配置 S3C2410 的 LCD 控制器相应的寄存器，就能正确启动 LCD 的显示。

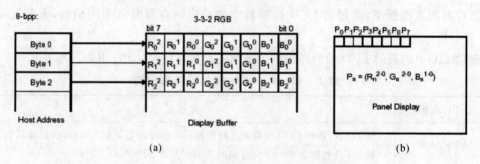

图 1-12-1　LCD 图像数据存放及显示原理

表 1-12-2，表 1-12-3 分别为 LCD 的控制寄存器 1 的配置说明。

表 1-12-2　LCD 的控制寄存器 1

控制寄存器	地址	R/W	描述	复位值
LCDCON1	0x4D000000	R/W	LCD 控制寄存器 1	0x00000000

表 1-12-3　LCD 的控制寄存器 1 位描述

LCDCON1	Bit	描述	初始值
LINECNT（只读）	[27:18]	行计数器状态位，值由 LINEVAL 递减至 0	0000000000
CLKVAL	[17:8]	STN：VCLK = HCLK/(CLKVAL×2)（CLKVAL≥2） TFT：VCLK = HCLK/[（CLKVAL+1）×2]（CLKVAL≥0）	0000000000
MMODE	[7]	决定 VM 信号的触发速率 0＝每帧触发 1＝触发速率由 MVAL 决定	0
PNRMODE	[6:5]	显示模式选择位： 00＝4 位双扫描显示模式（STN） 01＝4 位单扫描显示模式（STN） 10＝8 位单扫描显示模式（STN） 11＝TFT 型 LCD 显示	0

续表

LCDCON1	Bit	描述	初始值
BPPMODE	[4:1]	单个像素的位数选择： 0000＝STN 型 1 位/像素,单色模式 0001＝STN 型 2 位/像素,4 级灰度模式 0010＝STN 型 4 位/像素,16 级灰度模式 0011＝STN 型 8 位/像素,彩色模式 0100＝STN 型 12 位/像素,彩色模式 1000＝TFT 型 1 位/像素 1001＝TFT 型 2 位/像素 1010＝TFT 型 4 位/像素 1011＝TFT 型 8 位/像素 1100＝TFT 型 16 位/像素 1101＝TFT 型 32 位/像素	0000
ENVID	[0]	LCD 视频输出和逻辑信号使能位 0＝视频输出与控制信号无效 1＝视频输出与控制信号有效	0

表 1-12-4,表 1-12-5 分别为 LCD 的控制寄存器 2 的配置说明。

表 1-12-4　LCD 的控制寄存器 2

控制寄存器	地址	R/W	描述	复位值
LCDCON2	0x4D000004	R/W	LCD 控制寄存器 2	0x00000000

表 1-12-5　LCD 的控制寄存器 2 位描述

LCDCON2	Bit	描述	初始值
VBPD	[31:24]	TFT:垂直前沿(VBPD)指在一帧开始时,垂直同步时期之后非活动行的数目 STN:使用 STN 型 LCD 时此位应为 0	0x00
LINEVAL	[23:14]	TFT/STN:这些位决定 LCD 屏的垂直尺寸	0000000000
VFPD	[13:6]	TFT:垂直后沿指在一帧结束时,垂直同步时期之后非活动行的数目 STN:使用 STN 型 LCD 时此位应为 0	00000000
VSPW	[5:0]	TFT:通过对非活动行的计数,垂直同步脉冲宽度决定着 VSYNC 脉冲高电平跨度。 STN:使用 STN 型 LCD 时此位应为 0	000000

表1-12-6,表1-12-7分别为LCD的控制寄存器3的的配置说明。

表1-12-6 LCD的控制寄存器3

控制寄存器	地址	R/W	描述	复位值
LCDCON3	0x4D000008	R/W	LCD控制寄存器3	0x00000000

表1-12-7 LCD的控制寄存器3位描述

LCDCON3	Bit	描述	初始值
HBPD(TFT)	[25:19]	TFT:水平后沿(HBPD)为HSYNC下降沿后与有效数据之间VCLK的周期数目	0000000
WDLY(STN)		STN:[20:19]位通过对HCLK的计数决定VLINE和VCLK之间的延迟 00=16HCLK,01=32HCLK,10=32HCLK,11=48HCLK[25:21]为保留位	
HOZVAL	[18:8]	TFT/STN:这些位决定看LCD屏水平尺寸,HOZVAL必须被指定以满足一行有4n个字节的条件。如单色模式下LCD一行有120个点,但120点是不被支持的,因为1行要由15个字节组成。而单色模式下一行128个点是可以支持的,因为一行有16(2n)个字节组成。LCD屏将丢弃多余的8个点	00000000000
HFPD(TFT)	[7:0]	TFT:水平前沿(HFPD)位有效数据之后与HSYNC上升沿前VCLK的周期数目	
LINEBLANK(STN)		STN:这些位确定行扫描的返回时间,且可微调VLINE的速率。LINEBLANK的最小数为HCLK*8。如:LINEBLANK=10,返回时间在80个HCLK期间插入VCLK	0x00

表1-12-8,表1-12-9分别为LCD的控制寄存器4的配置说明。

表1-12-8 LCD的控制寄存器4

控制寄存器	地址	R/W	描述	复位值
LCDCON4	0x4D00000C	R/W	LCD控制寄存器4	0x00000000

表 1-12-9 LCD 的控制寄存器 4 位描述

LCDCON4	Bit	描述	初始值
MVAL	[15:8]	STN:如果 MMODE=1,这两位定义 VM 信号以什么速度变化	0x00
HSPW(TFT)		TFT:通过对 VCLK 的计数水平同步脉冲宽度决定着 HSYNC 高电平脉冲的宽度	
WLH(STN)	[7:0]	TFT:[1:0]位通过连续的 HLCK 数量决定着 VLINE 脉冲的高电平宽度 00=16HCLK,01=32HCLK 10=48HCLK,11=64HCLK 而[7:2]作为保留位	0x00

表 1-12-10,表 1-12-11 分别为 LCD 的控制寄存器 5 的配置说明。

表 1-12-10 LCD 的控制寄存器 5

控制寄存器	地址	R/W	描述	复位值
LCDCON5	0x4D000010	R/W	LCD 控制寄存器 5	0x00000000

表 1-12-11 LCD 的控制寄存器 5 位描述

LCDCON5	Bit	描述	初始值
保留	[31:17]	这些位是保留位	0
VSTATUS	[16:15]	TFT:垂直扫描状态(只读) 00=VSYNC 01=BACK Porch 10=ACTIVE 11=FORNT Porch	00
HSTATUS	[14:13]	TFT:水平扫描状态(只读) 00=VSYNC 01=BACK Porch 10=ACTIVE 11=FORNT Porch	0
BPP24BL	[12]	TFT:这些位确定 24bpp 显示时显存中数据格式 0=LSB 有效 1=MSB 有效	0
FRM565	[11]	TFT:这些位确定 16bpp 显示时显存中数据格式 0=5:5:5:1 格式 1=5:6:5 格式	0
INVVCLK	[10]	STN/TFT:这一位决定 VCLK 的有效极性 0=VCLK 下降沿时取数据 1=VCLK 上升沿时取数据	0
INVVLINE	[9]	STN/TFT:此位指明 VLINE/HSYNC 脉冲的极性: 0=正常,1=反转	0

续表

LCDCON5	Bit	描述	初始值
INVVFRAME	[8]	STN/TFT:此位指明 VFRAME/HSYNC 脉冲的极性: 0=正常 1=反转	0
INVVD	[7]	STN/TFT:此位指明 VD(视频数据)脉冲的极性: 0=正常 1=VD 反转	0
INVVDEN	[6]	STN/TFT:此位指明 VDEN(视频数据)信号的极性: 0=正常 1=反转	0
INVPWREN	[5]	STN/TFT:此位指明 PWREN(电源)信号的极性: 0=正常 1=反转	0
INVLEND	[4]	STN/TFT:此位指明 LEND(行结束)信号的极性: 0=正常 1=反转	0
PWREN	[3]	STN/TFT:此位指明 LCD_PWREN(电源)信号使能位: 0= PWREN 信号无效　　1=PWREN 信号有效	0
ENLEND	[2]	STN/TFT:此位指明 LEND(行结束)输出信号使能位: 0= LEND 信号无效　　1=LEND 信号有效	0
BSWP	[1]	STN/TFT:字节交换控制位 0=不可交换 1=可以交换	0
HWSWP	[0]	STN/TFT:半字交换控制位 0=不可交换 1=可以交换	0

表 1-12-12,表 1-12-13 分别为 LCD 的帧缓冲区开始地址寄存器 1 的配置说明。

表 1-12-12　LCD 的帧缓冲区开始地址寄存器 1

寄存器	地址	R/W	描述	复位值
LCDSADDR1	0x4D000014	R/W	SIN/TFT:帧缓冲起始地址寄存器 1	0x00000000

表 1-12-13　LCD 的帧缓冲区开始地址寄存器 1 位描述

LCDSADDR1	Bit	描述	初始值
LCDBANK	[29:21]	指示视频缓冲区在系统存储器的段地址 A[30:22] LCDBANK 在视点移动时不能变化,LCD 帧缓冲区应当与 4M 区域对齐,因此在分配存储区应当注意	0x00
LCDBASEU	[20:0]	双扫描 LCD:指示帧缓冲区或在双扫描 LCD 时的高帧缓冲区的开始地址 A[21:1] 单扫描 LCD:指示帧缓冲区的开始地址 A[21:1]	0x000000

表 1-12-14,表 1-12-15 分别为 LCD 的帧缓冲区开始地址寄存器 2 的配置说明。

表 1-12-14　LCD 的帧缓冲区开始地址寄存器 2

寄存器	地址	R/W	描述	复位值
LCDSADDR2	0x4D000018	R/W	SIN/TFT：SIN/TFT:帧缓冲起始地址寄存器 2	0x00000000

表 1-12-15　LCD 的帧缓冲区开始地址寄存器 2 位描述

LCDSADDR2	Bit	描述	初始值
LCDBASEL	[20:0]	对于双扫描 LCD：指示在使用双扫描 LCD 时的低帧存储区的开始地址 A[21:1] 单扫描 LCD:指示帧缓冲区的开始地址 A[21:1] LCDBASEL＝((the fame end address)>>1)+1 ＝ LCDBASEU ＋ (PAGEWIDTH ＋ OFFSIZE) x (LINEVAL +1)	0x0000

表 2-11-16,表 1-12-17 分别为 LCD 的帧缓冲区开始地址寄存器 3 的配置说明。它主要是进行虚拟屏幕地址设置。

表 1-12-16　LCD 的帧缓冲区开始地址寄存器 3

寄存器	地址	R/W	描述	复位值
LCDSADDR3	0x4D00001C	R/W	SIN/TFT：帧缓冲起始地址寄存器 3	0x00000000

表 1-12-17　LCD 的帧缓冲区开始地址寄存器 3 位描述

LCDSADDR3	Bit	描述	初始值
OFFSIZE	[21:11]	虚拟屏幕偏移量(半字的数量),该值定义前一显示行的最后的半字和新的显示一行首先的半字之间的距离	00000000
PAGEWIDTH	[10:0]	虚拟屏幕宽度(半字的数量),该值定义帧的观察区域的宽度	000000000

表 1-12-18,表 1-12-19,表 1-12-20,表 1-12-21,表 1-12-22,表 1-12-23 分别为 LCD 的红绿蓝查找表寄存器的的配置说明。在这三个寄存器中,我们要设定使用的 8 种红色,8 种绿色,4 种蓝色。

表 1-12-18　红色查表寄存器

寄存器	地址	R/W	描述	复位值
REDLUT	0x4D000020	R/W	SIN:红色查表寄存器	0x00000000

表1-12-19　红色查表寄存器位描述

REDLUT	Bit	描述	初始值
REDVAL	[31:0]	这些位定义了选择16种色度中的哪8种红色组合： 000＝REDVAL[3:0]　　001＝REDVAL[7:4] 010＝REDVAL[11:8]　011＝REDVAL[15:12] 100＝REDVAL[19:16]　101＝REDVAL[23:20] 110＝REDVAL[27:24]　111＝REDVAL[31:26]	0x00000000

表1-12-20　绿色查表寄存器

寄存器	地址	R/W	描述	复位值
GREENLUT	0x4D000024	R/W	SIN:绿色查表寄存器	0x00000000

表1-12-21　绿色查表寄存器位描述

GREENLUT	Bit	描述	初始值
GREENVAL	[31:0]	这些位定义了选择16种色度中的哪8种绿色组合： 000＝GREENVAL[3:0]　　001＝GREENVAL[7:4] 010＝GREENVAL[11:8]　011＝GREENVAL[15:12] 100＝GREENVAL[19:16]　101＝GREENVAL[23:20] 110＝GREENVAL[27:24]　111＝GREENVAL[31:26]	0x00000000

表1-12-22　蓝色查表寄存器

寄存器	地址	R/W	描述	复位值
BLUELUT	0x4D000028	R/W	SIN:蓝色查表寄存器	0x00000000

表1-12-23　蓝色查表寄存器位描述

BLUELUT	Bit	描述	初始值
BLUEVAL	[15:0]	这些位定义了选择16种色度中的哪4种蓝色组合： 00＝BLUEVAL[3:0]　　01＝BLUEVAL[7:4] 10＝BLUEVAL[11:8]　11＝BLUEVAL[15:12]	0x00000000

其实,不同颜色的差异,是通过时间抖动的算法及帧率控制的方法来实现的。对于绿、蓝也同样。因此,还要设置一下有关抖动模式寄存器。详细请看下面关于初始化S3C2410的LCD控制器的程序。

＃defineM5D(n) ((n) & 0x1fffff)

```c
#define MVAL(13)
#define MVAL_USED(0)
#define MODE_CSTN_8BIT    (0x2001)
#define LCD_XSIZE_CSTN(320)
#define LCD_YSIZE_CSTN(240)
#define SCR_XSIZE_CSTN(LCD_XSIZE_CSTN*2)    //虚拟屏幕大小
#define SCR_YSIZE_CSTN(LCD_YSIZE_CSTN*2) //
#define HOZVAL_CSTN (LCD_XSIZE_CSTN*3/8-1)
                            // Valid VD data line number is 8.
#define LINEVAL_CSTN(LCD_YSIZE_CSTN-1)
#define WLH_CSTN         (0)
#define WDLY_CSTN(0)
#define LINEBLANK_CSTN(16 &0xff)
#define CLKVAL_CSTN(6)
     // 130hz @50Mhz,WLH=16hclk,WDLY=16hclk,LINEBLANK=16*8hclk,VD=8
#define LCDFRAMEBUFFER 0x33800000 //_NONCACHE_STARTADDRESS

void   LCD_Init(int type) {
    //Save the wasted power consumption on GPIO.
    rIISPSR=(2<<5)|(2<<0); //IIS_LRCK=44.1Khz @384fs,PCLK=50Mhz.
    rGPHCON = rGPHCON & ~(0xf<<18)|(0x5<<18);
                    //CLKOUT 0,1=OUTPUT to reduce the power consumption.
    switch(type){
    case MODE_CSTN_8BIT:
frameBuffer8Bit=(U32(*)[SCR_XSIZE_CSTN/4])LCDFRAMEBUFFER;
                // Packed Type: The L.C.M of 12 and 32 is 96.
    rLCDCON1=(CLKVAL_CSTN<<8)|(MVAL_USED<<7)|(2<<5)|(3<<1)|0;
                // 8-bit single scan,8bpp CSTN,ENVID=off
    rLCDCON2=(0<<24)|(LINEVAL_CSTN<<14)|(0<<6)|0;
    rLCDCON3=(WDLY_CSTN<<19)|(HOZVAL_CSTN<<8)|(LINEBLANK_CSTN<<0);
    rLCDCON4=(MVAL<<8)|(WLH_CSTN<<0);
    rLCDCON5= 0;
//BPP24BL:x,FRM565:x,INVVCLK:x,INVVLINE:x,INVVFRAME:x,INVVD:x,
      //INVVDEN:x,INVPWREN:x,INVLEND:x,PWREN:x,ENLEND:x,BSWP:x,
//HWSWP:x
    rLCDSADDR1=(((U32)frameBuffer8Bit>>22)<<21)|M5D((U32)frameBuffer8Bit>>1);
    rLCDSADDR2=M5D(((U32)frameBuffer8Bit+((SCR_XSIZE_CSTN)*LCD_YSIZE_
```

CSTN))>>1);
　　rLCDSADDR3=(((SCR_XSIZE_CSTN－LCD_XSIZE_CSTN)/2)<<11)|(LCD_XSIZE_CSTN/2);

　　　　rDITHMODE=0;

　　　　rREDLUT　=0xfdb96420;
　　rGREENLUT=0xfdb96420;
　　rBLUELUT =0xfb40;

　　　　break;
　　　　default:
　　　　break;
　　}
}

LCD 控制器对彩色 256 色的初始配置完成,即可在 LCD 上显示了。
下面简要介绍一下绘图的 API 函数。
U32　GUI_Init　　(void);　　　　　　　　//GUI 初始化
void Draw_Point　(U16 x, U16 y);//绘制点 API
U32　Get_Point　 (U16 x, U16 y);　　　//得到点 API
void Draw_HLine　(U16 y0, U16 x0, U16 x1);　　　//绘制水平线 API
void Draw_VLine　(U16 x0, U16 y0, U16 y1);　　　//绘制竖直线 API
void Draw_Line　 (I32 x1,I32 y1,I32 x2,I32 y2);　//绘制线 API
void Draw_Circle (U32 x0, U32 y0, U32 r);　　　　//绘制圆 API
void Fill_Circle (U16 x0, U16 y0, U16 r);　　　　//填充圆 API
void Fill_Rect　 (U16 x0, U16 y0, U16 x1, U16 y1); //填充区域 API
void Set_Color　 (U32 color);　　　　//设定前景颜色 API
void Set_BkColor (U32 color);　　　　//设定背景颜色 API
void Set_Font　　(GUI_FONT * pFont);　　　　//设定字体类型 API
void Disp_String (const I8 * s, I16 x, I16 y);　　//显示字体 API

五、实验步骤

(1)本实验使用实验教学系统的 CPU 板,LCD 单元。
(2)在 PC 机并口和实验箱的 CPU 板上的 JTAG 接口之间,连接仿真调试电缆。
(3)检查连接是否可靠,可靠后,接入电源线,系统上电。打开 LCD 的电源开关。
(4)打开 ADS1.2 开发环境,从里面打开\实验程序\ ADS\实验十二\Lcd.mcp 项目文件,进行编译。
(5)编译通过后,进入 ADS1.2 调试界面,加载\实验程序\ ADS\实验十二\Lcd_Data\

Debug 中的映象文件程序映像 Lcd.axf。

(6)在 ADS 调试环境下全速运行映象文件到主函数 Main(),然后单步运行,观察液晶屏的反应!

(7)在 Main()函数中改动某些 GUI 的 API 函数,重新装入映像文件,运行程序,观察液晶屏的显示的效果。重复实验。

(8)实验完毕,先关闭 LCD 电源开关,再关闭 ADS 开发环境,再关闭电源。

六、思考题

(1) 液晶显示的基本原理是什么?

(2) LCD 显示图形的基本思想是什么?

实验十三 触摸屏实验

一、实验目的

(1) 了解触摸屏工作的基本原理。
(2) 理解 LCD 如何和触摸屏相配合。
(3) 通过编程实现对触摸屏的控制。

二、实验要求

学习触摸屏基本原理,在 320X240 的彩色 LCD 上显示触摸点的坐标。

三、实验设备与环境

(1) EL－ARM－830＋教学实验箱,PentiumⅡ以上的 PC 机,仿真调试电缆。
(2) PC 操作系统 WIN98 或 WIN2000 或 WINXP,ADS1.2 集成开发环境,仿真调试驱动程序。

四、实验原理

1. 触摸屏原理

触摸屏附着在显示器的表面,与显示器相配合使用,如果能测量出触摸点在屏幕上的坐标位置,则可根据显示屏上对应坐标点的显示内容或图符获知触摸者的意图。

触摸屏按其技术原理可分为五类:矢量压力传感式、电阻式、电容式、红外线式、表面声波式,其中电阻式触摸屏在嵌入式系统中用的较多。电阻触摸屏是一块 4 层的透明的复合薄膜屏,最下面是玻璃或有机玻璃构成的基层,最上面是一层外表面经过硬化处理从而光滑防刮的塑料层,中间是两层金属导电层,分别在基层之上和塑料层内表面,在两导电层之间有许多细小的透明隔离点把它们隔开。当手指触摸屏幕时,两导电层在触摸点处接触。电阻触摸屏原理示意图如图 1－13－1 所示。

触摸屏的两个金属导电层是触摸屏的两个工作面,在每个工作面的两端各涂有一条银胶,称为该工作面的一对电极,若给一个工作面的电极对施加电压,则在该工作面上就会形成均匀连续的平行电压分布。当给 X 方向的电极对施加一确定的电压,而 Y 方向电极对不加电压时,在 X 平行电压场中,触点处的电压值可以在 Y＋(或 Y－)电极上反映出来,通过测量 Y＋电极对地的电压大小,通过 A/D 转换,便可得知触点的 X 坐标值。同理,当给 Y 电极对施加电压,而 X 电极对不加电压时,通过测量 X＋电极的电压,通过 A/D 转换便可得知触点的 Y

坐标。

电阻式触摸屏有四线和五线两种。四线式触摸屏的 X 工作面和 Y 工作面分别加在两个导电层上,共有 4 根引出线:X+、X-、Y+、Y-,分别连到触摸屏的 X 电极对和 Y 电极对上。五线式触摸屏把 X 工作面和 Y 工作面都加在玻璃基层的导电涂层上,但工作时,仍是分时加电压的,即让两个方向的电压场分时工作在同一工作面上,而外导电层则仅仅用来充当导体和电压测量电极。因此,五线式触摸屏的引出线需为 5 根。

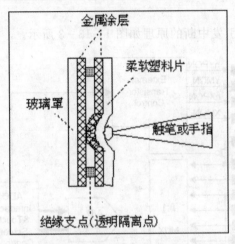

图 1-13-1 电阻触摸屏原理示意图

2. S3C2410 内置触摸屏控制器原理

S3C2410 内置 ADC 和触摸屏控制器接口,它与触摸屏的连接原理如图 1-13-2 所示。

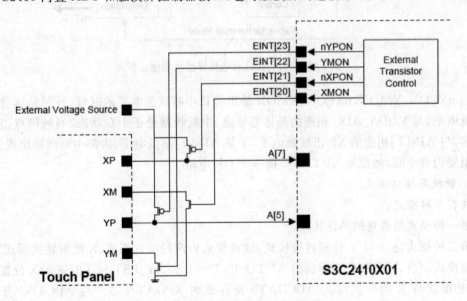

图 1-13-2 CPU 与触摸屏连接原理

图中 XP 与 CPU 的 A[7] 口相连, YP 与 CPU 的 A[5] 口相连。当 S3C2410 的 nYPON, YMON, nXPON,XMON 输出不同电平时候,外部晶体管的导通状况见表 1-13-1。

表 1-13-1　外部晶体管导通状况一览表

YMON,nYPON,XMON,nXPON	结果
0110	与 XP 和 XM 相连的晶体管导通,X 的位置通过 A[7] 输入
1001	与 YP 和 YM 相连的晶体管导通,Y 的位置通过 A[5] 输入

触摸屏通过触笔点击引发中断的原理如图 1-13-3 所示。

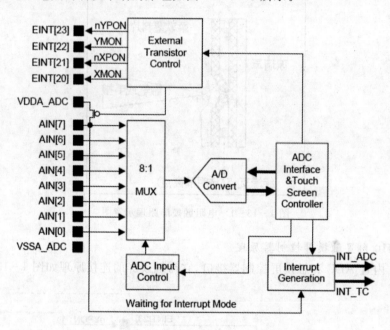

图 1-13-3　ADC 和触摸屏接口功能方框图

当 nYPON,YMON,nXPON,XMON 输出等待中断状态电平的时候,外部晶体管控制器输出低电平,与 VDDA_ADC 相连的晶体管导通,中断线路处于上拉状态,当触笔点击触摸屏的时候,与 AIN[7] 相连的 XP 出现低电平,于是 AIN[7] 是低电平,内部中断线路出现低电平,进而引发内部中断,触摸屏 XP 口需要接一个上拉电阻。

3. 触摸屏接口模式

共有 5 种模式：

第一种模式是普通的 AD 转换。

第二种模式是 X 与 Y 分别转换模式,这种模式由两种模式组成:X 位置转换模式和 Y 位置转换模式。当 ADCTSC 寄存器的 AUTO_PST = 0 和 XY_PST = 1 时进入 X 位置转换模式,这种模式将 X 的位置写入 ADCDAT0 寄存器的 XPDATA 位。当 ADCTSC 寄存器的 AUTO_PST = 0 和 XY_PST = 2 时进入 Y 位置转换模式,这种模式将 Y 的位置写入 ADC-DAT1 寄存器 YPDATA 位。

当 CPU 的外部晶体管控制引脚输出下列信号时,CPU 进行相应的转换见表 1-13-2。

表 1-13-2　X/Y 位置转换对应 CPU 变化表

	XP	XM	YP	YM
X 位置转换	External Voltage	GND	AIN[5]	Hi-Z
Y 位置转换	AIN[7]	Hi-Z	External Voltage	GND

第三种模式是 XY 位置自动转换模式。当 ADCTSC 寄存器的 AUTO_PST=1 和 XY_PST=0 时进入这种模式,转换信号与第二种相同。

第四种模式是等待中断模式。当 ADCTSC 寄存器的 XY_PST=3 时进入这种模式。进入这种模式后,它等待触笔点击。当触笔点下后,它将产生 INT_TC 中断。进入这种模式的条件见表 1-13-3。

表 1-13-3　进入中断模式条件

	XP	XM	YP	YM
等候中断模式	上拉	高阻	AIN[5]	GND

第五种模式是闲置模式(Standby Mode),当进入这种模式后,AD 转换停止,ADCDAT0 和 ADCDAT1 的 XPDATA 和 YPDATA 保持上次转换的值。

4.ADC 和触摸屏寄存器的设置

共有 3 个寄存器需要设置:ADCCON,ADCTSC,ADCDLY,还有两个只读的寄存器:ADCDAT0 和 ADCDAT1。

(1)AD 转换控制寄存器(ADCCON)见表 1-13-4。

表 1-13-4　ADCCON 寄存器功能描述

ADCCON	位	功能描述
ECFLG	[15]	ADC 转换完成标志位(只读) 为 1:ADC 转换结束,为 0:ADC 转换进行中
PRSCEN	[14]	ADC 转换时钟使能
PRSCVL	[13:6]	ADC 转换时钟预分频参数
SEL_MUX	[5:3]	选择需要进行转换的 ADC 信道
STDBM	[2]	置 1:将 ADC 置为闲置状态(模式) 置 0:将 ADC 置为正常操作状态
READ_START	[1]	置 1:允许读操作启动 ADC 转换 置 0:禁止读操作启动 ADC 转换
ENABLE_START	[0]	置 1:启动 ADC 转换,置 0:无操作

(2)AD 转换触摸屏控制寄存器(ADCTSC)见表 1-13-5。

表 1-13-5　ADCTSC 寄存器功能描述

ADCTSC	位	功能描述
Reserved	[8]	保留位,应该置 0
YM_SEN	[7]	选择 YMON 的输出值: 0 = YMON 输出 0 (YM = Hi-Z) 1 = YMON 输出 1(YM = GND)
YP_SEN	[6]	选择 nYPON 的输出值 0 = nYPON 输出 0 (YP = External voltage) 1 = nYPON 输出 1 (YP is connected with AIN[5])
XM_SEN	[5]	选择 XMON 的输出值 0 = XMON 输出 0 (XM = Hi-Z) 1 = XMON 输出 1(XM = GND)
XP_SEN	[4]	选择 nXPON 的输出值 0 = nXPON 输出 0 (XP = External voltage) 1 = nXPON 输出 1 (XP is connected with AIN[7])
PULL_UP	[3]	上拉使能位 0 = XP 上拉使能 1 = XP 禁止上拉
AUTO_PST	[2]	X/Y 轴自动转换使能位 0 = 普通 AD 转换 1 = XY 自动顺序转换模式
XY_PST	[1:0]	选择 X/Y 轴自动转换模式 00 = 非操作模式 01 = X 位置转换 10 = Y 位置转换 11 = 等候中断模式

(3)AD 转换开始延时寄存器(ADCDLY)见表 1-13-6。

表 1-13-6　ADCDLY 功能描述

ADCDLY	Bit	Description	Initial State
DELAY	[15:0]	普通转换模式:独立的 X/Y 轴转换模式和自动(顺序)X/Y 位置转换模式。位置转换延迟值 等待中断模式:当触笔发生在等待中断模式,此寄存器能在触笔后几 ms 产生(INT_TC)中断信号为 X/Y 轴自动转换用 注意:不能使用 0(0x0000)	0x00ff

(4)AD 转换数据寄存器(ADCDAT0 和 ADCDAT1)见表 1-13-7,这两个寄存器是只读的,用来存储转换状态和转换结果。

表 1-13-7　AD 转换器数据寄存器功能描述

ADCDATn	位	功能描述
UPDOWN	[15]	等候中断模式下触笔的状态： 0 = 触笔按下状态　　1 = 触笔抬起状态
AUTO_PST	[14]	XY 位置自动顺序转换 0 = 普通转换状态 1 = 自动顺序转换状态
XY_PST	[13:12]	00 = 非操作模式 01 = X 位置转换 10 = Y 位置转换 11 = 等候中断模式
Reserved	[11:10]	保留位
XPDATA/YPDATA	[9:0]	X 或 Y 转换后的数据　　数据值：0～3FF

4. 程序分析

(1)触摸屏寄存器初始化。

```
    rADCDLY   = (0x5000); // ADC Start or Interval Delay
    rADCTSC   = (0<<8)|(1<<7)|(1<<6)|(0<<5)|(1<<4)|(0<<3)|(0<<2)
|(3);
                                    //设置成为等待中断模式:1101
    rADCCON= (1<<14)|(49<<6)|(7<<3)|(0<<2)|(1<<1)|(0);
                                    //设置 ADC 控制寄存器
```

(2)中断服务程序。

```
int Dat0, i;
int Count = 5;                   //转换次数
unsigned int x, y;               //存放转换结果
unsigned int AD_XY = 0;  //存放最终 XY 的转换结果
Dat0 = 0;                        //初始化累加变量

while ((rADCDAT0 & 0x8000) | (rADCDAT1 & 0x8000));
//测试 rADCDAT 的 bit15 是否等于 0(触笔按下状态)
//下面的代码是 X,Y 分别转换模式
rGPGUP = 0xffff;                 //设置 GPIO,禁止 GPG 上拉
rADCTSC=(0<<8)|(0<<7)|(1<<6)|(1<<5)|(0<<4)|(1<<3)|(0<<2)|
```

(1);
　　　　//设置转换 X 的位置
for(i = 0; i < Count; i++){   //开始转换 Y,共 Count 次
rADCCON = (1<<14)|(49<<6)|(7<<3)|(0<<2)|(0<<1)|(1);
　　　　　　　　　　　　　　　　　　　　　　　//设置控制寄存器
while(rADCCON & 0x1);　　　　　　　　　　//测试转换开始位
while(! (0x8000 & rADCCON));　　　// 测试 ECFLG 位,转换是否结束
Delay(200);
Dat0 += (rADCDAT0) & 0x3ff;　　　　//转换结果累加,最后取平均
}
if (Dat0 ! = 0){　　　　　　　　　　　//如果 X 有效,继续转换 Y
x = Dat0 / Count;
Dat0 = 0;

rADCTSC=(0<<8)|(1<<7)|(0<<6)|(0<<5)|(1<<4)|(1<<3)|(0<<2)|
(2);
　　　　　　　　　　　　　　　　　　　　　　　//设置转换 Y 的位置
for (i = 0; i < Count; i++){　　　　//开始转换 Y,共 Count 次
rADCCON = (1<<14)|(49<<6)|(5<<3)|(0<<2)|(0<<1)|(1);
　　　　　　　　　　　　　　　　　　　　　　　//设置控制寄存器
while(rADCCON & 0x1);　　　　　　　　　　//测试转换开始位
while(! (0x8000 & rADCCON));　　　// 测试 ECFLG 位,转换是否结束
Delay(200);
Dat0 += (rADCDAT1) & 0x3ff;　　　　//转换结果累加,最后取平均
}
y = Dat0 / Count;
}
rGPGUP = 0x00;　　　　　　　　　　//设置 GPIO,使能 GPG 上拉
AD_XY = (x << 16) | y;　　　　//高 16 位存放 X,低 16 位存放 Y

//恢复等待中断模式
Touch_Init();
　　Delay(1000);

while (! (((rADCDAT0 & 0x8000) & (rADCDAT1 & 0x8000)));
　　//测试 rADCDAT 的 bit15 是否等于 1(触笔抬起状态),如果是 1,则可以开中断了

五、实验步骤

(1)准备本实验使用实验教学系统的 CPU 板,LCD 模块,触摸屏。

(2) 在 PC 机并口和实验箱的 CPU 板上的 JTAG 接口之间,连接仿真调试电缆。

(3) 检查连接是否可靠,可靠后,接入电源线,系统上电。打开 LCD 的电源开关。

(4) 打开 ADS1.2 开发环境,从里面打开\实验程序\ ADS\实验十三\Touch.mcp 项目文件,进行编译。

(5) 编译通过后,进入 ADS1.2 调试界面,加载\实验程序\ ADS\实验十三\Touch_Data\Debug 中的映象文件程序映像 Touch.axf。

(6) 在 ADS 调试环境下全速运行映象文件。用圆滑的笔头点击屏,观察液晶屏的显示结果。

(7) 实验完毕,先关闭 LCD 电源开关,再关闭 ADS 开发环境,关闭电源。

六、思考题

电阻触摸屏检测坐标值的原理是什么?

实验十四 音频录放实验

一、实验目的

(1) 掌握 DMA 的数据传输方式。
(2) 掌握 IIS 音频接口的使用方法。

二、实验要求

通过使用音频接口的 IIS 格式,采集音频的模拟信号,然后用 DMA 的方式循环播放以及实时播放。

三、实验设备与环境

(1) EL-ARM-830+教学实验箱,PentiumII 以上的 PC 机,仿真调试电缆,音频线。
(2) PC 操作系统 WIN98 或 WIN2000 或 WINXP,ADS1.2 集成开发环境,仿真调试驱动程序。

四、实验原理

1. 实验原理

音频的录放是通过一片 A/D、D/A 芯片,作为音源的控制器,它把采集到的音频模拟信号通过配置其寄存器,转换成 IIS 格式的数字信号送给 S3C2410 的 IIS 控制器,此时,CPU 用 DMA 控制器把得到的数字信号存放到一块内存空间上,当存完之后,DMA 控制器把已存的数字数据通过 IIS 格式发送给 A/D、D/A 芯片,由该芯片转换成音频模拟信号送出。该 DMA 控制器能实现循环播放,也能实现实时播放。

S3C2410 IIS (Inter-IC Sound)接口能用来连接一个外部 8/16 位立体声声音 CODEC。IIS 总线接口对 FIFO 存取提供 DMA 传输模式代替中断模式,它可以同时发送数据和接收数据也可以只发或只收,数据传输分为正常和 DMA 两种传输模式。

正常传输模式:IIS 控制寄存器有一个 FIFO 准备好标志位,当发送数据时,如果发送 FIFO 不空,该标志为 1,FIFO 准备好发送数据,如果送 FIFO 为空,该标志为 0。当接收数据时,如果接收 FIFO 不满,该标志设置为 1,指示可以接收数据,若 FIFO 满,则该标志为 0。通过该标志位,可以确定 CPU 读写 FIFO 的时间,通过该方式实现发送和接收 FIFO 的存取来发送和接收数据。

DMA 传输模式:发送和接收 FIFO 的存取由 DMA 控制器来实现,由 FIFO 准备好标志来自动请求 DMA 的服务。

发送和接收同时模式：因为只有一个 DMA 源，因此在该模式，只能是一个通道（如发送通道）用正常传输模式，另一个通道（接收通道）用 DMA 传输模式，从而实现同时工作目的。

IIS-BUS 格式：IIS 有四条线，串行数据输入（IISDI），串行数据输出 IISDO），左/右通道选择（IISLRCK），和串行位时钟 clock（IISCLK）；产生 IISLRCK 和 IISCLK 信号的为主设备。串行数据以 2 的补数发送，首先发送高位。高位首先发送是因为发送方和接收方可以有不同的字长度。发送方知道接收方能处理的位数是不必要的，同样接收方也不需要知道发送方正发送多少位的数据。当系统字长度大于发送放的字长度时，字被切断（最低数据位设置为 0）来发送。如果接收方发送比它的字长更多的位时，多的位被忽略，若接收方发送比它的字长少的位时，不足的位被内部设置为 0。所以高位有固定的位置，而低位的位置依赖于字长度。发送器总是在 IISLRCK 变化的下一个时钟周期发送下一个字的高位。发送器的串行数据发送可以在时钟信号的上升沿或下降沿被同步。可是串行数据必须在串行时钟信号的上升沿锁存进接收器，所以当发送数据用上升沿来同步时有一些限制。LR 通道选择线指示当前正发送的通道。IISLRCK 既可以在串行时钟的上升沿变化，也可以在下降沿变化，但不需要同步，在从模式这个信号在串行时钟的上升沿锁存。IISLRCK 在高位发送前变化一个时钟周期，这允许从发送方可以同步发送串行数据，更进一步，它允许接收方存储先前的字和清除输入来接收下一个字。

2. 正确配置 IIS 相关寄存器

对 IIS 音频接口的正确使用，首先，要正确对 IIS 相关寄存器的进行配置。
表 1-14-1，表 1-14-2 分别进行了 IIS 控制器的相关配置。

表 1-14-1 IIS 控制寄存器配置表

寄存器	地址	R/W	描述	复位值
IISCON	0x55000000(Li/HW,Li/HW,Bi/W) 0x55000002(Bi/W)	R/W	IIS 控制寄存器	0x100

表 1-14-2 IIS 控制寄存器位描述

IISCON	Bit	描述	初始值
Left/Right channel index (Read only)	[8]	0=Left 1=Right	1
Transmit FIFO ready flag (Read only)	[7]	0=empty 1=not empty	0
Receive FIFO ready flag (Read only)	[6]	0=full 1=not full	0
Transmit DMA service request	[5]	0=Disable 1=Ensable	0
Receive DMA service request	[4]	0=Disable 1=Ensable	0

续表

IISCON	Bit	描述	初始值
Transmit channel idle command	[3]	In idle state the IISLRCK is inactive(Pause Tx) 0 = Not idle 1 = Idle	0
Receive channel idle command	[2]	In idle state the IISLRCK is inactive(Pause Rx) 0 = Not idle 1 = Idle	0
IIS prescaler	[1]	0 = Disable 1 = Ensable	0
IIS interface	[0]	0 = Disable(stop) 1 = Ensable(start)	0

表1-14-3,表1-14-4分别进行了IIS模式寄存器的相关配置。

表1-14-3 IIS模式寄存器

寄存器	地址	R/W	描述	复位值
IISMOD	0x55000004(Li/HW,Li/HW,Bi/W) 0x55000006(Bi/W)	R/W	IISmode register	0x0

表1-14-4 IIS模式寄存器位描述

IISMOD	Bit	描述	初始值
Master/slave mode select	[8]	0 = Master mode(IISLRCK and IISCLK are output mode) 1 = Slave mode(IISLRCK and IISCLK are input mode)	0
Transmit/receive mode select	[7:6]	00 = no transfer 01 = receive mode 10 = Transmit mode 11 = Transmit and receive mode	00
Active level of left/right channel	[5]	0 = Low for left channel (High for right channel) 1 = High for left channel (Low for right channel)	0

续表

IISMOD	Bit	描述	初始值
Serial interface format	[4]	0 = IIS compatible format 1 = MSB(left)-justified format	0
Serial data bit per channel	[3]	0 = 8 bit 1 = 16 bit	0
Master clock frequency select	[2]	0 = 256fs 1 = 384s(fs:sampling frequency)	0
Serial bit clock frequency select	[1:0]	00 = 16fs 01 = 32fs 10 = 48fs 11 = N/A	00

表1-14-5，表1-14-6分别为IIS的预设定值寄存器的相关配置，该寄存器主要是把CPU的主频分频以得到合适的IIS的主频率CODECLK。

表1-14-5　IIS的预设定值寄存器

寄存器	地址	R/W	描述	复位值
IISPSR	0x55000008(Li/HW,Li/HW,Bi/W) 0x5500000A(Bi/W)	R/W	IIS prescaler register	0x0

表1-14-6　IIS的预设定值寄存器位描述

IISPSR	Bit	描述	初始值
Prescaler control A	[9:5]	Data value:0~31 Note: Prescaler A makes the master clock that is used the internal block and division factor is N+1	0000
Prescaler control B	[4:0]	Data value:0~31 Note: Prescaler B makes the master clock that is used the internal block and division factor is N+1	0000

表1-14-7，表1-14-8分别是IIS的FIFO控制器配置表。

表1-14-7　IIS的FIFO控制器

寄存器	地址	R/W	描述	复位值
IISFCON	0x5500000C(Li/HW,Li/HW,Bi/W) 0x5500000E(Bi/W)	R/W	IIS FIFO interface register	0x0

表 1-14-8 IIS 的 FIFO 控制器位描述

IISFCON	Bit	描述	初始值
Transmit FIFO access mode select	[15]	0＝Normal 1＝DMA	0
Receive FIFO access mode select	[14]	0＝Normal 1＝DMA	0
Transmit FIFO	[13]	0＝Disable 1＝Enable	0
Receive FIFO	[12]	0＝Disable 1＝Enable	0
Transmit FIFO data count (Read only)	[11:6]	Data count value ＝ 0～32	000000
Receive FIFO data count (Read only)	[5:0]	Data count value ＝ 0～32	000000

另外，还有一个 IIS 的 FIFO 的数据入口寄存器，即 IISFIFO，它负责把 FIFO 得到的数据从这里发出去，同时，也把数据收进来，送入 FIFO 中。

至此，所需配置 IIS 的寄存器如上所述，再加上 DMA 控制器，两者结合起来，就可以录放声音了。

五、实验步骤

(1) 本实验使用实验教学系统的 CPU 板，语音单元。在进行本实验时，A/D 通道选择开关、LCD 电源开关、触摸屏中断选择开关等均应处在关闭状态。

(2) 在 PC 机并口和实验箱的 CPU 板上的 JTAG 接口之间，连接仿真调试电缆。

(3) 检查连接是否可靠，可靠后，接入电源线，系统上电。打开音频的左右声道开关，如果喇叭声音过大，顺时针调小 LCD 右方的音量旋钮到合适音量。

(4) 打开 ADS1.2 开发环境，从里面打开\实验程序\ ADS\实验十四\IIS.mcp 项目文件，进行编译。

(5) 编译通过后，进入 ADS1.2 调试界面，加载\实验程序\ ADS\实验十四\IIS_Data\Debug 中的映象文件程序映像 IIS.axf。

(6) 在 ADS 调试环境下全速运行映像文件。

(7) 把音频线插入实验箱的语音单元中的绿色的音频输入插孔中。

(8) 此时，在喇叭中应有音乐实时播出。停止运行 ADS 调试软件。音乐停止播放，运行 ADS 调试软件，音乐继续播放。适当调整左右声道的音量。实验完毕，关闭 ADS 开发环境，再关闭电源。

六、思考题

与 IIS 相关的寄存器都有哪些？各自是什么功能？

实验十五 USB 设备收发数据实验

一、实验目的

(1)了解 USB 工作的基本组成原理。
(2)深入理解固件程序的编写。

二、实验要求

在 PC 上运行一个应用程序,通过 USB 总线发送数据,并接收实验箱送回的数据。

三、实验设备与环境

(1)EL－ARM－830＋教学实验箱,PentiumⅡ 以上的 PC 机,仿真调试电缆,USB 扁平线缆、扁平方头电缆、串口电缆。
(2)PC 操作系统 WIN98 或 WIN2000 或 WINXP,ADS1.2 集成开发环境,仿真调试驱动程序。

四、实验原理

USB(Universal Serial Bus)即通用串行总线,是现在非常流行的一种快速、双向、廉价、可以进行热插拨的接口,在现在的每一台 PC 机上都可以找到一对 USB 接口。在遵循 USB1.1 规范的基础上,USB 接口最高传输速度可达 12Mb/s,而在最新的 USB2.0 规范下,更可以达到 480Mb/s。同时它可以连接 127 个 USB 设备,而且连接的方式也十分灵活,既可以使用串行连接,也可以使用集线器(Hub)把多个设备连接在一起,再同 PC 机的 USB 接口相连。此外,它还可以从系统中直接汲取电流,无需单独的供电系统。USB 的这些特点使它获得了广泛的应用。

在设计开发一个 USB 外设的时候,主要需要编写三部分的程序:固件程序;USB 驱动程序;客户应用程序。

固件是 FIREWARE 的对应中文词,它实际上是程序文件,其编写语言可以采用 C 语言或是汇编语言.它的操作方式与硬件联系紧密,包括 USB 设备的连接 USB 协议、中断处理等,它不是单纯的软件,而是软件和硬件的结合,需要编写人员对端口、中断和硬件结构非常熟悉。固件程序一般放入 MPU 中,当把设备连接到主机上(USB 连接线插入插孔)时,上位机可以发现新设备,然后建立连接。因此。编写固件程序的一个最主要的目的就时让 Windows 可以检测和识别设备。USB 的驱动程序和客户的应用程序属于中、上层程序。

实验箱上的 USB 驱动器采用的是 PDIUSBD12。

USB 固件程序由三部分组成：初始化 S3C2410 相关接口电路（包括 PDIUSBD12）；主循环部分，其任务是可以中断的；中断服务程序，其任务是对时间敏感的，必须马上执行。根据 USB 协议，任何传输都是由主机（Host）开始的。S3C2410 作它的前台工作，等待中断。主机首先要发令牌包给 USB 设备（这里是 PDIUSBD12），PDIUSBD12 接收到令牌包后就给 S3C2410 发中断。S3C2410 进入中断服务程序，首先读 PDIUSBD12 的中断寄存器，判断 USB 令牌包的类型，然后执行相应的操作。在 USB 程序中，要完成对各种令牌包的响应，其中比较难处理的是 SETUP 包，主要是端口 0 的编程。

S3C2410 与 PDIUSBD12 的通信主要是靠 S3C2410 给 PDIUSBD12 发命令和数据来实现的。PDIUSBD12 的命令字分为三种：初始化命令字、数据流命令字和通用命令字。PDIUSBD12 数据手册给出了各种命令的代码和地址。S3C2410 先给 PDIUSBD12 的命令地址发送命令，根据不同命令的要求再发送或读出不同的数据。因此，可以将每种命令做成函数，用函数实现各个命令，以后直接调用函数即可。

本实验随机带的上层应用程序 usbhidio.exe 的基本的设计原理是在 USB 设备初始化完之后，PC 通过 USB 总线给设备写数据到数据端口，设备收到数据后，把数据放到数据输出端口，供 PC 读取。而 PC 端通过上层程序的 Once 或 Continuous 按钮，读一次或连续读 USB 设备的端口，从而把数据端口的数据读出。

五、实验步骤

(1) 本实验使用实验教学系统的 CPU 板、USB 单元、CPU 板上的串口。在进行本实验时，音频的左右声道开关、A/D 通道选择开关、触摸屏中断选择开关、LCD 电源开关等均应处在关闭状态。

(2) 在 PC 机并口和实验箱的 CPU 板上的 JTAG 接口之间，连接仿真调试电缆。

(3) 检查连接是否可靠，可靠后，接入电源线，系统上电。

(4) 打开 ADS1.2 开发环境，打开\实验程序\ ADS\实验十五\D12.mcp 项目文件，进行编译。

(5) 编译通过后，进入 ADS1.2 调试界面，加载\实验程序\ ADS\实验十五\D12_Data\Debug 中的映象文件程序映像 D12.axf。

(6) 在 ADS 调试环境下全速运行映象文件。使用 USB 电缆线，扁头接 PC 机端，方头插入实验箱底板的 USB 单元的接口处，观察 D3 指示灯的变化。同时，若是第一次实验，则在 PC 机上会出现自动安装 USB 设备的过程，安装上后，D3 灯应该不停的闪烁。同时，如图 1-15-1 所示在控制面板/系统/硬件/设备管理器栏里自动添加了一个名为人体学输入设备的 USB 设备。

(7) 此时，打开随箱提供的上层应用程序 usbhidio.exe 文件，如图 1-15-2 所示，在 Bytes to send 栏中选择要发送的数据，之后，点击一下 Write Report 按钮，在 Send and Receive Data 栏中选择 Once 或 Continuous，Once 是发一次收一次，而 Continuous 是连续发和连续收，接收到的数据在 Bytes Receive 栏中显示，在连续发的过程中也可以更改要发送的数据，而接收数据实时更换。

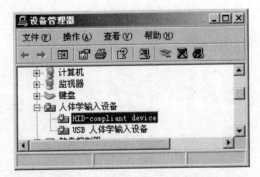

图 1-15-1　通过设备管理器添加 USB 设备

图 1-15-2　打开 usbhidio.exe 文件

(8)关闭程序 usbhidio.exe,关闭 ADS 调式环境,拔出 USB 电缆,关闭电源。

六、思考题

改变运行程序和插 USB 的顺序,会发生什么样的结果?

第二部分　Linux 操作系统的 ARM 实验

实验一　Linux 实验环境的搭建

一、实验目的

(1)搭建 Linux 操作系统实验所需的实验环境。
(2)了解 Linux 的组成,学会编译内核。

二、实验要求

(1)安装 Red Hat 9.0Linux 操作系统。
(2)拷贝已移植好的 Linux 操作系统以及正确安装交叉编译器。
(3)学习 Linux 内核组成,编译过程。

三、实验设备与环境

PentiumII 以上的 PC 机, EL－ARM－830＋实验箱, Red Hat 9.0Linux 操作系统。

四、实验步骤

1. 正确安装 Red Hat9.0 操作系统

安装 Red Hat9.0 前,先按照下面的步骤把串口配置好。这是建立 Linux 系统和试验箱之间的串口通信。配置完在开始 Linux 系统时点击全屏,这样做的目的是让 Linux 系统占取网络资源。

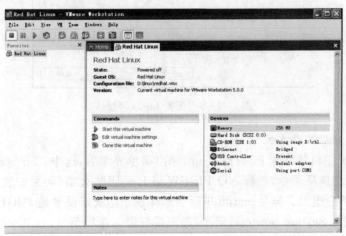

图 2-1-1　配置 Linux 环境 1

图 2-1-1 中点击 VM/setting 出现图 2-1-2,点击左下角的 Add 按钮出现图 2-1-3,选择 serial Port,点击"下一步",出现图 2-1-4,再点击"下一步",图 2-1-5 为配置完串口后的界面。

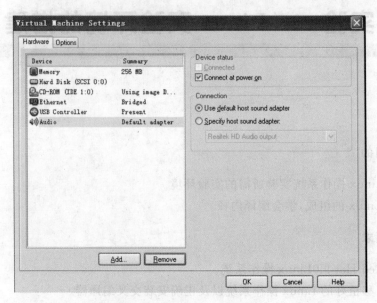

图 2-1-2　配置 Linux 环境 2

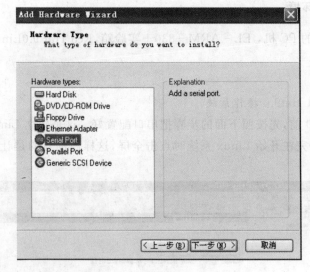

图 2-1-3　配置 Linux 环境 3

2. 配置 NFS 网络文件系统

首先在 Linux 主机的终端上执行 set up,弹出菜单界面后,选中:Firewall configuration,回车,进入系统服务选项菜单,选择 NO FIREWALL 关闭防火墙(如果安装了防火墙),按空格键就会选中。然后退出。但是,setup 里面会照样显示防火墙设置是 HIGH 的,这个可以不必理会。之后选中:System services,回车,进入系统服务选项菜单,在其中选中 [*]nfs,然后按 F12 键退出,再选择方向键,退出 set up 界面,返回到命令提示符下。

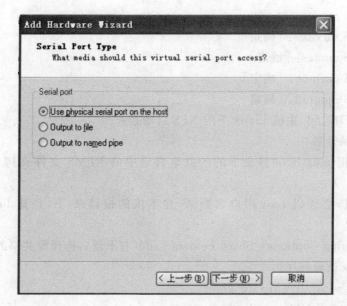

图 2-1-4　配置 Linux 环境 4

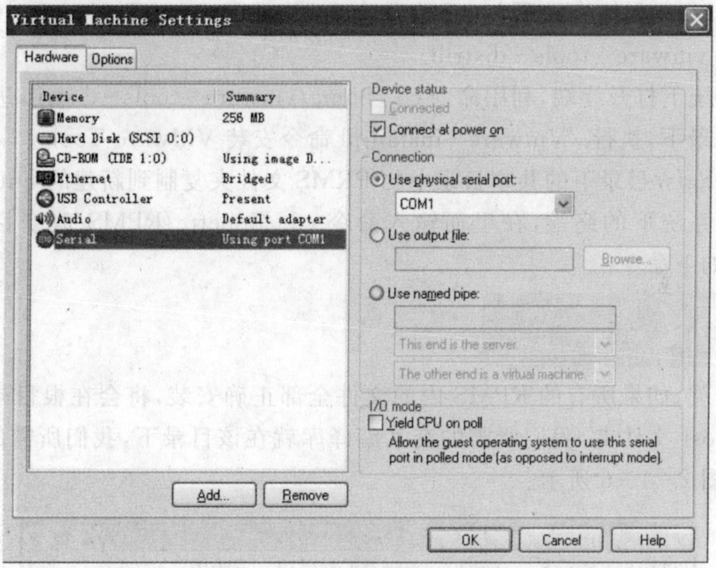

图 2-1-5　配置 Linux 环境 5

利用编辑器打开 /etc/exports 文件(输入命令 vi /etc/exports),按 A 进入文本输入模式,将这个默认的空文件修改为只有如下一行内容:(注意中间有空格)

/　　(rw)
/home/nfs

然后,保存退出(按 ESC 键进入命令模式,输入:进入到最后行模式,输入 wq! 保存退出),之后改变目录到/etc/rc.d/init.d/下(输入命令 cd /etc/rc.d/init.d/),执行如下命令:

./nfs start

终端内输出：

Starting NFS services：[确定]

Starting NFS quotas：[确定]

Starting NFS daemon：[确定]

Starting NFS mountd：[确定]

这样就一切 OK 了！主机 Linux 下的 NFS 启动起来。

3. 安装交叉编译器

以下四步是把 mnt/hgfs 目录下的的共享目录中的 RPMS 文件夹拷贝到/linuette 目录下。

(1) 启动主机，必须以 root 用户名登录，在主机的根目录/下，创建 linuette 目录，如：mkdir /linuette。

(2) VM – Setting – options – Shard Folders – add(右下角)，选择要共享的目录(一般包括试验软件和 Linux 试验程序)。

(3) 安装 VM – Install VMware Tools

点击 VM→Install VMware Tools

然后把 mnt/cdrom 文件夹下的 VmwareTools – 5.0.0 – 13124.i386.rpm 和 VmwareTools – 5.0.0 – 13124.tar.gz 文件拷贝到 home 文件夹内，并对 VmwareTools – 5.0.0 – 13124.tar.gz 进行解压缩生成 vmware – tools – distrib。

在 Linux 系统下打开终端，利用命令 cd /home/vmware – tools – distrib 进入到 vmware – tools – distrib 目录下，执行./Vmware – install.pl 命令安装 VMware Tools。

(4) 把 mnt/hgfs/目录下的共享目录中的 PRMS 文件夹复制到新建的 linuette 目录下。

打开 Linux 系统下的终端，在里面输入命令 cd /linuette/RPMS/改变目录到/linuette/RPMS 下，输入如下命令：

♯rpm －Uvh ＊.rpm

等待系统安装，如果所有的 RPMS 内的文件全部正确安装，将会在根目录下的/opt 文件夹内生成一个 host 文件夹，我们所需的交叉编译库就在该目录下，我们所需的交叉编译环境就搭建好了，如图 2 – 1 – 6 所示。

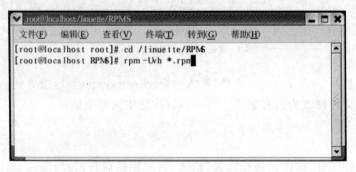

图 2 – 1 – 6　交叉编译环境搭建完成

第二部分　Linux 操作系统的 ARM 实验

4. 用交叉网线把主机和实验系统连接

(1) Minicom 的启动和设置。

在 Linux 的开始菜单里启动终端,在终端[root@localhost root]# minicom - s 回车按 S 键选择 Serial Port setup 回车,弹出串行口设置界面,按 A 键编辑 Serial Device:/dev/ttyS0 回车;按 E 键,再按 I 键,回车,选择为 Bps/Par/Bits:115200 8N1 回车;按 F 键,选择 Hardware Flow Control:No。如图 2-1-7 所示,设置完后回车。然后用上下选择键,选中 Modem and dialing,将 Init string, Reset string, Hang-up string 设置为空.再选中 Save setup as dfl 这一项,回车,保存为默认的配置,下次进入 minicom 时就不用再设置了。用上下选择键选中 Exit,回车退出设置,进入 minicom。

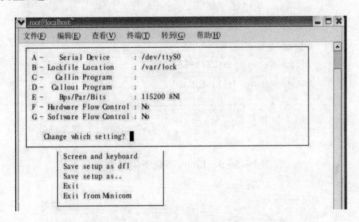

图 2-1-7　Minicom 的启动

(2) Linux 系统下网络设置。

点击左下角的小红帽,选择系统设置→网络,然后双击设备 eth0 的蓝色区域,进入以太网设置界面,分别如图 2-1-8 、图 2-1-9、图 2-1-10 所示。

图 2-1-8　Linux 系统下网络设置 1

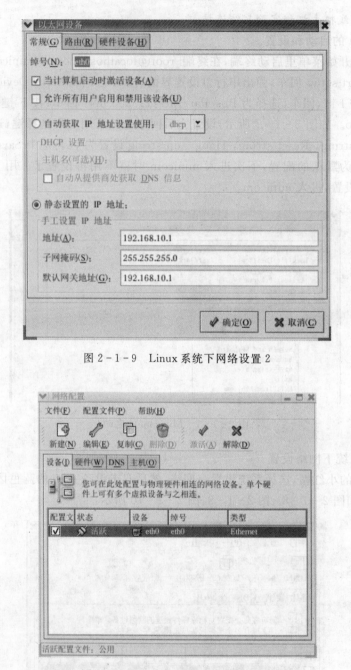

图 2-1-9 Linux 系统下网络设置 2

图 2-1-10 Linux 系统下网络设置 3

(3)Ping 通主机和实验系统。

在 minicom 下,给系统上电,系统正常起来后,利用 ifconfig eth0 xxx.xxx.xxx.xxx 来改变实验系统的 IP 地址,让该地址的前三段和主机的前三段一致,最后的一段,可以选择和主机不重复的小于 255 的任意值。例如,主机是 192.168.0.1,则实验系统配置为 ifconfig eth0 192.168.0.5,之后,利用 ping 命令,在实验系统上 ping 192.168.0.1,看看实验系统能否和主机连上。

(4)利用 mount 命令,挂载主机的 nfs 系统下的共享目录。

首先,利用命令 chmod 777 /home/nfs 改变/home/nfs 文件夹的属性,让其变为可读可写,如果/home 目录下没有 nfs 文件夹,建议创建此文件夹,以后需要挂载的用于调试的驱动模块以及应用程序均放在该文件夹内。之后,在终端中,输入 mount - o nolock 192.168.0.1:/home/nfs /mnt/yaffs 回车,即可完成把主机上的/home/nfs 下的文件挂载到实验系统的/mnt/yaffs 目录下。

5. 编译内核

当选择采用驱动模块和应用程序利用 nfs 网络文件系统异地调试时,则不需要重新编译内核,仅需要使用交叉编译器编译驱动模块和应用程序,之后利用 mount 命令把它们所在的文件目录加载到文件系统中。然后使用相关命令进行对驱动模块的安装、调试或卸载。

当需要把驱动模块编译进内核,则应在终端的内核目录下输入 make menuconfig 配置命令,通过选中新加入的驱动模块,保存配置,退出,第一次需要编译,需要键入 make dep 命令,而后,输入 make clean ,最后,输入 make zImage 命令,编译内核。步骤如下:①在主目录下建立 arm830_Linux2410tft 文件夹;②把 mnt/hgfs/目录下共享的目录中找到 kernel0.tar.bz2、kernel.cfg 和 kernel.tar 三个文件,把他们复制到 arm830_Linux2410tft 文件夹内;③并对 kernel0.tar.bz2 进行解压生成 kernel,在系统工具的终端下,切换目录到 kernel 目录下,然后输入命令:

    make dep(该命令用于寻找各文件的依存关系)
make clean(该命令用于清除以前构造内核时生成的所有目标文件、模块文件和临时文件)
make zImage(编译内核中的文件,生成内核)

若编译通过则在/arch/arm/boot/目录下生成内核文件 zImage。具体的驱动编写和加入方法,后面实验有详细介绍。

至此,在 Linux 操作系统下,对 Linux 的编译过程应有一个大概的了解。

五、实验说明

1. 关于 Linux-2.4.18.-rm7-pxa1

Linux-2.4.18.-rm7-pxa1 是 Linux 移植到三星 S3C2410 处理器上的操作系统内核代码。一般在每个目录下,都有一个.depend 文件和一个 Makefile 文件,这两个文件都是编译时使用的辅助文件,仔细阅读这两个文件对弄清各个文件这间的联系和依托关系很有帮助;而且,在有的目录下还有 Readme 文件,它是对该目录下的文件的一些说明,同样有利于我们对内核源码的理解,见表 2-1-1。

表 2-1-1 部分文件的说明

Makefile	重构 Linux 内核可执行代码的 make 文件
Documention	有关 Linux 内核的文档
Arch	arch 是内核中与具体 CPU 和系统结构相关的代码,具体的 CPU 对应具体的文件夹下的文件。相关的.h 文件分别放在 include/asm 中。在每个 CPU 的子目录中,又进一步分为 boot、mm、kernel、lib 等子目录,分别包含与系统引导、内存管理、系统调用等相关的代码

续表

Drivers	设备的驱动程序。放置系统所有的设备驱动程序；每种驱动程序又各占用一个子目录：如，/block 下为块设备驱动程序，比如 ide(ide.c)
Fs	文件系统，每个子目录分别支持一个特定的文件系统，例如 fat 和 ext2。还有一些共同的源程序则用于虚拟文件系统
Include	包含了所有的.h 文件。和 arch 子目录一样，其下都有相应 CPU 的子目录，而通用的子目录 asm 则根据系统的配置"符号连接"到具体的 CPU 的专用子目录上。与平台无关的头文件在 include/ linux 子目录下，与 ARM 处理器相关的头文件在 include/asm－arm 子目录下，除此之外，还有通用的子目录 linux，net 等
Init	Linux 内核的这个目录包含核心的初始化代码(注意：不是系统的引导代码)，包含两个文件 main.c 和 Version.c。
Ipc	Linux 内核的进程间的通信管理
Kernel	Linux 内核的进程管理和进程调度。主要的核心代码，此目录下的文件实现了大多数 linux 系统的内核函数，其中最重要的文件是 sched.c；同样，和体系结构相关的代码在 arch/＊/kernel 中
Lib	此目录为通用的程序库
Mm	Linux 内核的内存管理。这个目录包括所有独立于处理器体系结构的内存管理代码，如页式存储管理内存的分配和释放等
Net	包含了各种不同网卡和网络的驱动程序
Scripts	此目录包含用于配置核心的脚本文件

2. 关于 RPMS 交叉编译器包

RPMS 是一个用于 Linux－2.4.18－rmk7－pxa1 内核的交叉编译器包，它其中包括交叉编译、汇编、链接、二进制文件转换工具、所需要的库函数等等。所谓交叉编译器就是一种在 Redhat Linux 操作系统 ＋ X86 的体系结构下，编译经过移植的 Linux 操作系统，生成内核，该内核能够在另外一种软硬件环境下运行的编译工具，如 Linux 操作系统 ＋ ARM 的体系结构。交叉编译其实就是在一个平台上生成能够在另一个平台上运行的代码。注意这里的平台，实际上包含两个概念：体系结构(Architecture)和操作系统(Operating System)。同一个体系结构可以运行不同的操作系统；同样，同一个操作系统也可以在不同的体系结构上运行。如我们常说的 x86 Linux 平台实际上是 Intel x86 体系结构和 Linux for x86 操作系统的统称；而 x86 WinNT 平台实际上是 Intel x86 体系结构和 Windows NT for x86 操作系统的简称。由于 ARM 硬件上无法安装我们所需的编译器，只好借助于宿主机，在宿主机上对即将运行在目标机上的应用程序进行编译，生成可在目标机上运行的代码格式，这就是安装交叉编译器真正意义所在。

3. 建立 Linux 开发环境

实现基于 Linux 的应用系统的开发,建立或拥有一个完备的 Linux 开发环境是十分必要的。基于 Linux 操作系统的应用开发环境一般是由目标系统硬件系统和宿主 PC 机所构成。目标硬件系统(即本实验箱)用于运行操作系统和系统应用软件,而目标硬件系统所用到的操作系统的内核编译、应用程序的开发则需要通过宿主 PC 机来编译完成。双方之间通过以太网接口建立 nfs 网络文件系统关系,来调试编译好的驱动或应用程序。当编译、调试通过后,再添加到内核中去。

实验二　BootLoader 引导程序

一、实验目的

（1）了解 BootLoader 的作用，掌握 BootLoader 的编程思想。

二、实验要求

（1）学习 vivi 的程序的架构。
（2）学习 vivi 程序的启动流程。
（3）学习 vivi 的操作。

三、实验设备与环境

PentiumⅡ 以上的 PC 机，Red Hat 9.0Linux 操作系统。

四、实验内容

（一）BootLoader 程序说明

在嵌入式系统中，BootLoader 的作用与 PC 机上的 BIOS 类似，通过 BootLoader 可以完成对系统板上的主要部件如 CPU、SDRAM、Flash、串行口等进行初始化，也可以下载文件到系统板上，对 Flash 进行擦除与编程。当运行操作系统时，它会在操作系统内核运行之前运行，通过它，可以分配内存空间的映射，从而将系统的软硬件环境带到一个合适的状态，以便为最终调用操作系统准备好正确的环境。

通常，BootLoader 是依赖于硬件而实现的，特别是在嵌入式系统中。因此，在嵌入式系统里建立一个通用的 BootLoader 几乎是不可能的。

但是，仍然可以对 BootLoader 归纳出一些通用的概念来，以指导用户特定的 BootLoader 设计与实现。因此，正确建立 Linux 的移植的前提条件是具备一个与 Linux 配套、易于使用的 Boot Loader，它能够正确完成硬件系统的初始化和 Linux 的引导。

为能够实现正确引导 Linux 系统的运行，以及当编译完内核后，快速地下载内核和文件系统，vivi 首先通过串口下载内核和文件系统，当系统正常运行起来后，网络驱动正常运行后，vivi 就通过网口下载内核和文件系统。同时，它也具有功能较为完善的命令集，对系统的软硬件资源进行合理的配置与管理。因此，用户可根据自身的需求实现相应的功能。vivi 在实验软件/source_sys 目录内。

(二) vivi 程序架构

vivi 代码包括 arch,init,lib,drivers 和 include 等几个主要目录。

arch： 该目录包括了所有 vivi 支持的目标板的子目录,这里只有 S3C2410 目录。

drivers：其中包括了引导内核需要的设备驱动程序,MTD 目录下分 map,nand,nor 三个目录。

Init：这个目录只有 main.c 和 version.c 两个文件,vivi 将从 main.c 函数开始 c 语言的执行。

lib：一些平台的接口函数。

include：头文件的公共目录,其中,S3C2410 的头文件就放在该目录下。Platform/smdk2410.h 定义了实验系统相关的资源配置参数。

其他目录为一些测试目录或者文挡目录。

(三) vivi 程序流程

1. vivi 初始化

(1) 初始化阶段一（在/arch/s3C2410/head.s 文件内）。

1) 硬件初始化。

2) 配置串口。

3) 复制自身到 SDRAM 中（跳转到 C 代码入口函数）。

(2) vivi 初始化阶段二（在/init/main.c 文件内）。

1) 对硬件系统继续初始化。

2) 内存映射初始化,内存管理单元 MMU 初始化。

3) 初始化堆。

4) 初始化 mtd 设备。

5) 初始化私有数据。

6) 初始化内置命令。

7) 启动 vivi。

(3) vivi 初始化阶段一各流程说明。

1) 硬件初始化。当上电或复位后,vivi 启动,位于 NANDFlash 中的前 4KB 程序便从 NANDFlash 中由 S3C2410 自动拷贝到一个叫 SteppingStone 的 4KB 的内部 RAM 中,该 RAM 之后被映射到地址 0x00 处。此时,也就是 vivi 前 4KB 代码开始运行,进行第一阶段的硬件初始化,主要工作为：关 Watchdog Timer,关中断,初始化 PLL 和时钟主频设定,初始化存储器控制器。

2) 配置串口。该步初始化串口寄存器。

3) 复制自身到 SDRAM 中。当初始化串口结束,vivi 开始把自身从 NANDFlash 中复制到 SDRAM 中,之后在 SDRAM 中运行。

(4) vivi 初始化阶段二各流程说明。

1) 继续初始化实验系统硬件。即 board_init() 函数,该函数在/arch/s3c2410/smdk.c 中,主要完成两个功能,时钟初始化(init_time()),以及 IO 口的配置(set_gpios())。

2) 内存映射初始化,内存管理单元初始化。mem_map_init();mmu_init();这两个函数在/arch/s3c2410/mmu.c 中。该启动代码,使用 NAND 设备作为启动设备。内存映射完后,要使能 MMU。

3)初始化堆。heap_init()函数,该函数在/lib/head.c 中,初始化堆。

4)初始化 mtd 设备。mtd_init()函数,该函数在/drivers/mtd/maps/s3c2410_flash.c 中,初始化 mtd 设备。

5)初始化私有数据。init_priv_data()函数,该函数在/lib/priv_data/rw.c 中,初始化私有数据。

6)初始化内置命令。init_builtin_cmds();该函数在/lib/command.c 中,初始化内置命令。

7)启动 vivi。boot_or_vivi();

此时引导过程在超级终端上建立人机界面,并等待用户输入命令。若接收到用户输入非回车键,进入 vivi 模式,否则,等待一会儿,系统自启动。

(四)vivi 使用说明

1. 用户命令

这里没有给出全部的内建命令,但是,已经足够使用了。

(1)load 命令。

load 命令完成加载二进制文件到 flash 或 ram 中。

load <media_type> [<partname> | <addr> <size>] <x|y|z>

1)<media_type>:该参数是指加载到哪?具体为 flash 和 ram。

2)[<partname> 或 <addr> <size>]:该参数确定要加载的二进制文件的位置。如果需要使用预定义的 mtd 分区定义,则应加上分区定义名,否则指定位置和文件的大小。

3)<x|y|z>:该参数确定文件的传输协议。vivi 现在只能使用 xmodem 协议,所以,"x"是有效的。例如,装载 zImage 到 flash 中。

vivi> load flash kernel x

或者指定地址和文件大小

vivi> load flash 0x80000 0xc0000 x

(2) 分区命令。

vivi 有个 mtd 分区信息命令。这种信息和 mtd 设备驱动的分区信息没有关系。vivi 使用它装载二进制文件,启动 Linux 内核,擦除 flash 等等。

1)显示 mtd 分区信息命令:part show

2)填加一个新的 mtd 分区:

part add <name> <offset> <size> <flag>

<name>是新 mtd 分区的名字

<offset>是 mtd 设备的偏置

<size>是 mtd 设备分区的大小

<flag>是 mtd 设备分区的标志,有效值为 JFFS2,LOCKED,BONFS

3)删除 mtd 分区:part del<partname>

4)复位 mtd 分区到默认值:part reset

5)把参数和 mtd 分区信息存到 flash 中:part save

(3) 参数命令。

vivi 有一些参数值，例如，boot_delay 参数就决定着 vivi 在自动模式下内核启动的延时时间。

Param set boot_delay 10000000 回车

Param save 回车

将改变 vivi 在自动模式下内核启动的延时时间。

当按回车键时，内核开始加载，当按其他键时，进入 vivi 模式。

(4) boot 命令

boot 命令是启动保存在 flash 或 ram 中的 Linux 内核命令。

boot <media_type> [<partname> | <addr> <size>]

1) <media_type>：该参数是 Linux 内核存放在什么介质上。有效值为 ram,nor,smc.

2) [<partname> 或 <addr> <size>]：该参数确定要加载的 Linux 内核文件的位置。如果需要使用预定义的 mtd 分区定义，则应加上分区定义名，否则指定位置和文件的大小。

注意，所有的参数都是可选项。如果省略所有参数，则参数从 mtd 分区信息的 kernel 处取得。例如：

vivi> boot

vivi 从 kernel mtd 分区处读到 Linux 内核文件

vivi> boot nor 0x80000

vivi 从 flash 存储器上读取 Linux 内核文件，偏置位置为 0x80000，文件大小为默认值 (0xc0000)

有时，要在 ram 中验证内核，所以，可用如下命令

vivi> load ram 0x30008000 0xd0000 x

vivi> boot ram

vivi 就从 ram 中启动 Linux 内核

(5) 帮助命令。

格式：help

用途：这是帮助指令，可以查看命令集。

至此，vivi 的启动步骤与过程的框架讲解完，具体的代码见/实验软件/source_code/目录下 vivi-techshine 的源代码。

实验三 Linux 的移植、内核、文件系统的编译与下载

一、实验目的

了解 Linux 移植的基本过程，掌握内核和文件系统的下载方法。

二、实验要求

（1）学习 Linux 移植的基本过程。
（2）学习内核和文件系统的生成与下载方法。

三、实验设备与环境

PentiumⅡ 以上的 PC 机、EL－ARM－830＋实验箱。

四、实验内容

（一）Linux 的移植说明

本实验系统运行的 Linux 版本是针对 2.4.18 进行移植的

Linux－2.4.18.－rm7－pxa1 版本，它存放在/实验软件/source_sys/目录内。由于移植内核所涉及的内容较多，且也较复杂，同时，在涉及到的中断切换、内存管理方面的复杂移植，一般也不必太过关心，网络上有专门的非官方组织在完善该事情。我们所做的大多是把该移植好的内核，让它如何在自己的硬件系统上正常的运转起来。因此，我们所做的移植也偏重于应用。

1. 内核的目录结构

Linux 内核主要由 5 个子系统组成：

● 进程调度子系统
● 进程间通讯子系统
● 内存管理子系统
● 虚拟文件系统子系统
● 网络接口子系统

Linux 内核非常庞大，包括驱动程序在内有上百兆。

其主要结构目录：

/arch 子目录包含了所有与硬件体系结构相关的内核移植代码。其中每一个目录都代表一种硬件平台，对于每种平台都应该包括：

boot：包括启动内核所使用的部分或全部平台的相关代码。
kernel：包括支持体系结构特有的特征代码。
lib：包括存放体系结构特有的通用函数的实现代码。
mm：包括存放体系结构特有的内存管理程序的实现。
mach–xxx：包括存放该处理器的移植代码。
/Documentation 子目录包含有关内核的许多非常详细的文档。
/drivers 子目录包含内核中所有的设备驱动程序。
/fs 子目录包含了所有的文件系统的代码。
/include 子目录包含了建立内核代码时所需的大部分库文件的头文件,该模块利用其他模块重建内核。同时,它也包括不同平台需要的库文件。
/init 子目录包含了内核的初始化代码,内核从此目录下开始工作。
/ipc 子目录包含了内核的进程间通讯的代码。
/kernel 子目录包含了主内核的代码,如进程调度等。
/lib 子目录包含了通用的库函数代码等。
/mm 子目录包含了内核的内存管理代码。
/net 子目录包含了内核的网络相关的代码。
/scripts 子目录包含了配置内核的一些脚本文件。

一般在每个目录下,都有一个.depend 文件和一个 Makefile 文件,这两个文件都是编译时使用的辅助文件,仔细阅读这两个文件对弄清各个文件之间的联系和依托关系很有帮助；而且,在有的目录下还有 Readme 文件,它是对该目录下的文件的一些说明,同样有利于我们对内核源码的理解。因此,移植工作的重点就是移植 arch 目录下的文件。

2. 内核的移植

(1) 设置目标平台和指定交叉编译器。

在最上层的根目录/Makefile 文件中,首先要指定所移植的硬件平台,以及所使用的交叉编译器。改为如下：

ARCH ：= arm
CROSS_COMPILE= /opt/host/armv4l/bin/armv4l–unknown–Linux–

也就是说,所移植的硬件平台是 ARM,所使用的交叉编译器是存放在目录/opt/host/armv4l/bin/下的 armv4l–unknown–Linux–xxx 等等工具。

(2) arch/arm 目录下 Makefile 修改。

系统的启动代码是通过这个文件产生的。在 Linux–2.4.18 内核中要添加如下代码(在移植好的内核中请不要添加)：

ifeq ($ (CONFIG_ARCH_S3C2410),y)
TEXTADDR = 0xC0008000
MACHINE = s3c2410
endif

这里 TEXTADDR 确定内核开始运行的虚拟地址。

(3) arch/arm 目录下 config.in 修改。

配置文件 config.in 能够配置运行"make menuconfig"命令时的菜单选项,由于 2.4.18 内核中没有 S3C2410 的相关信息,所以要在该文件中进行有效的配置。

由于配置选项较多,在此不做赘述,请参见我们提供的内核源代码内的/arch/arm/config.in 文件。

做完该步,这样在 Linux 内核配置时就可以选择刚刚加入的内核平台了。

(4) arch/arm/boot 目录下 Makefile 修改。

编译出来的内核存放在该目录下,这里指定内核解压到实际硬件系统上的物理地址。

```
ifeq ($(CONFIG_ARCH_S3C2410),y)
ZTEXTADDR = 0x30008000
ZRELADDR  = 0x30008000
endif
```

要根据实际的硬件系统修改解压后,内核开始运行的实际的物理地址

(5) arch/arm/boot/compressed 目录下 Makefile 修改。

该文件从 vmLinux 中创建一个压缩的 vmlinuz 镜像文件。该文件中用到的 SYSTEM、ZTEXTADDR、ZBSSADDR、和 ZRELADDR 是 arch/arm/boot/Makefile 文件中得到的。添加如下代码:

```
ifeq ($(CONFIG_ARCH_S3C2410),y)
OBJS+= head-s3c2410.o
Endif
```

(6) arch/arm/boot/compressed 目录下添加 head-s3c2410.s。该文件主要用来初始化处理器。

(7) arch/arm/def-configs 目录下添加配置好的 S3C2410 的配置文件。

(8) arch/arm/kernel 目录下 Makefile 修改。

该文件主要用来确定文件类型的依赖关系。

```
no-irq-arch := $(CONFIG_ARCH_INTEGRATOR) $(CONFIG_ARCH_CLPS711X) \
    $(CONFIG_FOOTBRIDGE) $(CONFIG_ARCH_EBSA110) \
    $(CONFIG_ARCH_SA1100) $(CONFIG_ARCH_CAMELOT) \
    $(CONFIG_ARCH_S3C2400) $(CONFIG_ARCH_S3C2410) \
    $(CONFIG_ARCH_MX1ADS) $(CONFIG_ARCH_PXA)
```

(9) arch/arm/kernel 目录下的文件 debug-armv.s 修改。

在该文件中添加如下代码,目的是关闭外围设备的时钟,以保证系统正常运行。

```
#elif defined(CONFIG_ARCH_S3C2410)
        .macro  addruart,rx
        mrc     p15, 0, \rx, c1, c0
        tst     \rx, #1             @ MMU enabled ?
        moveq   \rx, #0x50000000    @ physical base address
        movne   \rx, #0xf0000000    @ virtual address
        .endm
        .macro  senduart,rd,rx
```

```
                str     \rd, [\rx, #0x20]       @ UTXH
                .endm
                .macro  waituart,rd,rx
                .endm
                .macro  busyuart,rd,rx
1001:   ldr     \rd, [\rx, #0x10]               @ read UTRSTAT
                tst     \rd, #1 << 2            @ TX_EMPTY ?
                beq     1001b
                .endm
```

(10) arch/arm/kernel 目录下的文件 entry-armv.s 修改。
CPU 初始化时的处理中断的汇编代码,代码如下:

```
#elif defined(CONFIG_ARCH_S3C2410)
#include <asm/hardware.h>
.macro  disable_fiq
.endm
.macro  get_irqnr_and_base, irqnr, irqstat, base, tmp
mov r4, #INTBASE@ virtual address of IRQ registers
ldr\irqnr, [r4, #0x8]@ read INTMSK
ldr\irqstat, [r4, #0x10]    @ read INTPND
bics    \irqstat, \irqstat, \irqnr
bics    \irqstat, \irqstat, \irqnr
beq1002f
mov\irqnr, #0
1001:tst\irqstat, #1
bne1002f@ found IRQ
add\irqnr, \irqnr, #1
mov\irqstat, \irqstat, lsr #1
cmp\irqnr, #32
bcc1001b
1002:
.endm
.macro  irq_prio_table
.endm
```

(11) arch/arm/mm 目录下的相关文件。
那里面则是移植好的有关 arm 的内存管理的代码。
在 mm-armv.c 中,设置 init_maps->bufferable = 1;即可。
init_maps 是一个 map_desc 型的数据结构。Map_desc 的定义在/include/asm-arm/mach/map.h 文件中。

(12) arch/arm/mach-s3c2410 目录下的相关文件。

那里面则是针对 s3c2410 这款处理器编写的所需代码。

到此,移植的概要基本结束。

(二)Linux 的内核、文件系统编译与下载

1. 编译 Linux 内核

编译一份可以运行的 Linux,首先要对 Linux 进行配置。一般是通过 make menuconfig 或者 make xconfig 来实现的。我们选择 make menuconfig,为了编译最后得到的内核文件 zImage,我们需要如下几步:

(1) make dep:这个仅仅是在第一次编译的时候需要,以后就不用了,为的是在编译的时候知道文件之间的依赖关系,在进行了多次得编译后,make 会根据这个依赖关系来确定哪些文件需要重新编译、哪些文件可以跳过。

(2) make clean:(该命令用于清除以前构造内核时生成的所有目标文件、模块文件和临时文件)。

(3) make zImage:编译内核。编译通过后,在目录 arch/arm/boot 下生成 zImage 内核文件。

2. 制作 cramfs 文件系统

利用工具软件 MKCRAMFS 制作 cramfs 文件系统,MKCRAMFS 工具在/实验软件/tools/目录下,该文件系统是一个只读压缩的文件系统,文件系统类型可以是 ext2,ext3 等等。我们提供的一个系统目录是 root_tech。它里面包含将来要用到的所有的文件,它在/实验软件/source_code/的目录内,root.tar.bz2。把制作工具和 root_tech 放在同一个文件夹下并对 root.tar.bz2 进行解压,在终端下切换到那个文件夹目录下使用命令

MKCRAMFS root_tech rootfs.cramfs

就可把 root_tech 制作成文件名为 rootfs.cramfs 的只读的压缩的 cramfs 文件系统了。系统启动后,内核将把它加载到内存中,解压。图 2-3-2 为文件系统的目录。

当应用程序和驱动模块调试成功后,就可以把驱动模块添加到内核中去,应用程序的执行文件就可以放到/usr/sbin 或/usr/bin 的目录下,然后,再在/usr/etc/rc.local 文件中添加驱动程序的设备文件。之后,利用 MKCRAMFS 工具把新的 root_tech 制作成 cramfs 文件系统。

3. 内核和文件系统的下载

(1) 利用 vivi 通过超级终端重新下载 vivi。

1) 在 WINDOWS 下启动超级终端,设置其(115200,8 位数据,1 位停止位,无奇偶校验),

2) 用串口线连接实验系统和 PC 机的串口。系统上电,在超级终端的 vivi 命令行下输入:vivi> load flash vivi x,之后,通过 xmodem 协议发送 vivi 文件:vivi,等待文件传送完成。

(2) 利用 vivi 烧写内核和 root 文件系统。

1) 在超级终端的 vivi 命令行下输入:vivi> load flash kernel x,通过 xmodem 协议发送 kernel 文件:zImage,等待文件传送完成。(用 xmode 协议发送内核)

如图 2-3-1 所示,点击"浏览"找到 smallsys 文件夹的 zImage,点击"确定",然后发送。

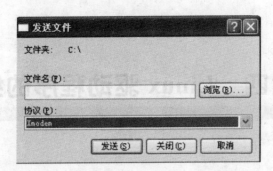

图 2-3-1

2)在超级终端的vivi命令行下输入：vivi> load flash root x，通过xmodem协议发送root文件：miniroot.cramfs，等待文件传送完成。（用xmode协议发送内核）。如图2-3-1所示，点击"浏览"找到smallsys文件夹的miniroot,点击"确定"，然后发送。

（注：提供两个root：miniroot.cramfs和big.cramfs。miniroot.cramfs是一个小型的Linux，主要用于建立一个Linux环境，并可以在此基础上使用后续的网络烧写方法烧写大的root系统，它在实验软件/small_sys/目录中，big.cramfs在/实验软件/big_sys/目录下。串口烧写速度太慢。）

(3)利用网络烧写软件imagewrite烧写内核和root文件系统。

根据实验一实验步骤的第4步，在Linux系统下启动nfs，并且将存放供下载的可执行文件的目录共享。Imagewrite文件在/实验软件/tools内。

在实验系统上mount Linux主机的目录到本地指定的目录。

例如：mount xxx.xxx.xxx.xxx:/home/nfs /mnt/nfs

在该目录下通过imagewrite命令来下载文件。

下载vivi

./imagewrite /dev/mtd/0 vivi:0

下载kernel

./imagewrite /dev/mtd/0 zImage:192k

下载root

./imagewrite /dev/mtd/0 root.cramfs:2m

上述vivi、zImage、root.cramfs对应着boot loader、内核文件、根文件系统文件的文件名，使用时根据实际情况使用实际的文件名代替。

实验四 Linux 驱动程序的编写

一、实验目的

(1)掌握 Linux 驱动程序的编写方法。
(2)掌握驱动程序动态模块的调试方法。
(3)掌握驱动程序填加到内核的方法。

二、实验要求

(1)学习 Linux 驱动程序的编写流程。
(2)学习驱动程序动态模块的调试方法。
(3)学习驱动程序填加到内核的流程。

三、实验设备与环境

PentiumⅡ 以上的 PC 机,Linux 操作系统,EL－ARM－830＋实验箱。

四、实验内容

(一)Linux 的驱动程序的编写

1. 概述

嵌入式应用对成本和实时性比较敏感,而对 Linux 的应用主要体现在对硬件的驱动程序的编写和上层应用程序的开发上。

嵌入式 Linux 驱动程序的基本结构和标准 Linux 的结构基本一致,也支持模块化模式,所以,大部分驱动程序编成模块化形式,而且,要求可以在不同的体系结构上安装。Linux 是可以支持模块化模式的,但由于嵌入式应用是针对具体的应用,所以,一般不采用该模式,而是把驱动程序直接编译进内核之中。但是这种模式是调试驱动模块的极佳方法。

设备驱动程序是操作系统内核和机器硬件之间的接口。设备驱动程序为应用程序屏蔽了硬件的细节,这样在应用程序看来,硬件设备只是一个设备文件,应用程序可以像操作普通文件一样对硬件设备进行操作。同时,设备驱动程序是内核的一部分,它完成以下的功能:对设备初始化和释放;把数据从内核传送到硬件和从硬件读取数据;读取应用程序传送给设备文件的数据和回送应用程序请求的数据;检测和处理设备出现的错误。在 Linux 操作系统下有字符设备和块设备两类主要的设备文件类型。

字符设备和块设备的主要区别是:在对字符设备发出读写请求时,实际的硬件 I/O 一般就紧接着发生了;块设备利用一块系统内存作为缓冲区,当用户进程对设备请求满足用户要求时,就返回请求的数据。块设备是主要针对磁盘等慢速设备设计的,以免耗费过多的 CPU 时间来等待。

2. 设备驱动程序的 file_operations 结构

通常,一个设备驱动程序的函数包括两个基本的任务:系统调用执行和处理中断。而 file_operations 结构的每一个成员的名称都对应着一个系统调用。用户程序利用系统调用,比如在对一个设备文件进行诸如 read 操作时,这时对应于该设备文件的驱动程序就会执行相关的 ssize_t (* read) (struct file * , char * , size_t, loff_t *);函数。在操作系统内部,外部设备的存取是通过一组固定入口点进行的,这些入口点由每个外设的驱动程序提供,由 file_operations 结构向系统进行说明,因此,编写设备驱动程序的主要工作就是编写子函数,并填充 file_operations 的各个域。file_operations 结构在 kernel/include/Linux/fs.h 中可以找到。

```
struct file_operations {
struct module * owner;
loff_t ( * llseek) (struct file * , loff_t, int);
ssize_t ( * read) (struct file * , char * , size_t, loff_t * );
ssize_t ( * write) (struct file * , const char * , size_t, loff_t * );
int ( * readdir) (struct file * , void * , filldir_t);
unsigned int ( * poll) (struct file * , struct poll_table_struct * );
int ( * ioctl) (struct inode * , struct file * , unsigned int, unsigned long);
int ( * mmap) (struct file * , struct vm_area_struct * );
int ( * open) (struct inode * , struct file * );
int ( * flush) (struct file * );
int ( * release) (struct inode * , struct file * );
int ( * fsync) (struct file * , struct dentry * , int datasync);
int ( * fasync) (int, struct file * , int);
int ( * lock) (struct file * , int, struct file_lock * );
ssize_t ( * readv) (struct file * , const struct iovec * , unsigned long, loff_t * );
ssize_t ( * writev) (struct file * , const struct iovec * , unsigned long, loff_t * );
ssize_t ( * sendpage) (struct file * , struct page * , int, size_t, loff_t * , int);
unsigned long ( * get_unmapped_area)(struct file * , unsigned long, unsigned long, unsigned long, unsigned long);
#ifdef MAGIC_ROM_PTR
int ( * romptr) (struct file * , struct vm_area_struct * );
#endif / * MAGIC_ROM_PTR * /
};
```

其中主要的函数说明如下:

(1)open 是驱动程序用来完成设备初始化操作的,open 还会增加设备计数,以防止文件在关闭前模块被卸载出内核。open 主要完成以下操作:检查设备错误(诸如设备未就绪或相似的硬件问题);如果是首次打开,初始化设备;标别次设备号;分配和填写要放在 file→private _data 内的数据结构；增加使用计数。

（2）read 用来从外部设备中读取数据。当其为 NULL 指针时，将引起 read 系统调用返回 －EINVAL（"非法参数"）。函数返回一个非负值表示成功地读取了多少字节。

（3）write 向外部设备发送数据。如果没有这个函数，write 系统调用向调用程序返回一个－EINVAL。如果返回值非负，就表示成功地写入的字节数。

（4）release 是当设备被关闭时调用这个操作。release 的作用正好与 open 相反。这个设备方法有时也称为 close。它应该完成以下操作：使用计数减 1；释放 open 分配在 file→private_data 中的内存，在最后一次关闭操作时关闭设备。

（5）llseek 是改变当前的读写指针。

（6）readdir 一般用于文件系统的操作。

（7）poll 一般用于查询设备是否可读可写或处于特殊的状态。

（8）ioctl 执行设备专有的命令。

（9）mmap 将设备内存映射到应用程序的进程地址空间。

3. 设备驱动程序编写的具体内容

通过了解驱动程序的 file_operations 结构，用户就可以编写出相关外部设备的驱动程序。首先，用户在自己的驱动程序源文件中定义 file_operations 结构，并编写出设备需要的各操作函数，对于设备不需要的操作函数用 NULL 初始化，这些操作函数将被注册到内核，当应用程序对设备相应的设备文件进行文件操作时，内核会找到相应的操作函数，并进行调用。如果操作函数使用 NULL，操作系统就进行默认的处理。

定义并编写完 file_operations 结构的操作函数后，要定义一个初始化函数，比如函数名可 device_init()，在 Linux 初始化的时候要调用该函数，因此，该函数应包含以下几项工作：

（1）对该驱动所使用到的硬件寄存器进行初始化。包括中断寄存器。

（2）初始化设备相关的参数。一般来说每个设备要定义一个设备变量，用来保存设备相关的参数。

（3）注册设备。Linux 内核通过主设备号将设备驱动程序同设备文件相连。每个设备有且仅有一个主设备号。通过查看 Linux 系统中/proc 下的 devices 文件，该文件记录已经使用的主设备号和设备名，选择一个没有使用的主设备号，调用下面的函数来注册设备。

int register_chrdev(unsigned int, const char * , struct file_operations *)，其中的三个参数代表主设备号，设备名，file_operations 的结构地址。

（4）注册设备使用的中断。注册中断使用的函数。

int request_irq(unsigned irq, void(* handler)(int, void * , struct pt_regs *), unsigned long flags, const char * device, void * dev_id);其中，irq 是中断向量。硬件系统将 IRQn 映射成中断向量。

handler——中断处理函数。

flags——中断处理中的一些选项的掩码。

device——设备的名称

dev_id——在中断共享时使用的 id。

（5）其他的一些初始化工作，比如给设备分配 I/O，申请 DMA 通道等。当设备的驱动程序使用了如下的函数方式，则设备驱动可以动态的加载和卸载。

int __init device_init (void)

void __exit device_exit(void)

module_init(device _init)；

module_exit(device _exit)；

当然，也可以编译进内核中。

4. 将设备驱动加到 Linux 内核中

设备驱动程序写完后，就可以加到 Linux 的内核中了，这需要修改 Linux 的源码，然后重新编译 Linux 内核。

(1)将设备驱动文件(比如 device_driver.c)复制到 kernel/drivers/char 目录下，该目录保存了 Linux 的字符型设备的设备驱动程序。该驱动程序中，使用 int __int device_init(void)方式编写。

(2)在 kernel/drivers/char 目录下的 Makefile 文件中填加如下代码：

ifeq($ (CONFIG_DEVICE_DRIVER),y)

L_OBJS+= DEVICE_DRIVER.o

endif

或 obj- $(CONFIG_DEVICE_DRIVER) += DEVICE_DRIVER.o

如果在配置 Linux 内核的时候，选择了支持我们定义的设备，则在编译内核的时候，会编译 DEVICE_DRIVER.c，生成 DEVICE_DRIVER.o 文件。

(3)在 kernel/drivers/char 目录下修改 config.in 文件。在 comment 'Character devices'下面填加：

bool 'support for DEVICE_DRIVER' CONFIG_DEVICE_DRIVER

这样在编译内核时，运行 make menuconfig 时，在配置字符设备时就会出现 support for DEVICE_DRIVER 的字样。当选中它时，编译通过，则驱动程序就加到内核中去了。

在文件系统 cramfs 中加上设备驱动程序对应的设备文件。挂在操作系统中的设备都使用了设备驱动程序，要使一个设备成为应用程序可以访问的设备，必须在文件系统中有一个代表此设备的设备文件，通过使用设备文件，就可以对外部设备进行具体操作。设备文件都包含在/dev 目录下，Linux 使用的根文件系统是 cramfs 文件系统。这个系统是一个只读压缩文件系统，要在制作 cramfs 文件系统之前，在 root_tech 目录结构中的/usr/etc/rc.local 文件下，添加相应的设备文件。用 mknod 命令来创建一个设备文件：mknod device_ driver c 120 0，device_driver 为设备文件名，c 指的是字符设备，120 是主设备号，0 为次设备号。device_driver 这个名字与注册函数中使用的字符串要一致。

5. 将设备驱动编译成驱动模块

使用同一个驱动程序的源代码，当然一定要如下定义某些函数 int __init device_init (void)；void __exit device_exit(void)；module_init(device _init)；module_exit(device_exit)；利用相应的交叉编译器，以及编译命令，就能把 device_driver.c 编译成 device_driver.o 这样的动态驱动模块。当编译通过后，利用 nfs 网络文件系统，mount 到根文件系统下，在存有驱动模块的文件系统下，在 Linux 系统的终端中，键入加载驱动模块命令 insmod device_driver.o，则系统安装上驱动模块，如果在/dev 目录下没有相应的设备文件，就可以使用 mknod device_ name c 主设备号 从设备号 来创建一个设备文件。从而正确使用驱动模块。当卸载驱动模块时，使用 rmmod device_driver 即可。删除设备文件则使用 rm device_name。

实验五　Linux 应用程序的编写与调试

一、实验目的

(1)学习 Linux 应用程序的填加到文件系统的方法。
(2)学习 Linux 应用程序的动态调试的方法。

二、实验要求

Linux 应用程序的编写，添加、调试。

三、实验设备环境

PentiumII 以上的 PC 机，EL－ARM－830＋实验箱，Linux 操作系统，交叉网线，公母头串口线。

四、实验步骤

(一)Linux 的应用程序的编写与调试

本实验以建立 helloworld 应用程序为例，介绍 Linux 应用程序的编写与调试。

1. 编写 Helloworld 程序

编写 helloworld.c 文件，代码在/实验程序/Linux/hello/hello.c 文件内，保存在 hello 目录下。

Linux 系统根目录下建立 arm830_Linux2410tft 文件夹，同时在此文件夹内建立子文件夹 kernel 文件夹，并把 hello 拷贝到 kernel 文件夹内。

2. 编写 Makefile 文件

编写 Makefile 文件，代码/实验程序/Linux/hello/Makefile 文件内一定要注意格式，格式不正确，编译会出错。Makefile 文件同样放在 hello 目录下。

3. 编译

在系统终端下利用命令 cd /arm830_Linux2410tft/kernel/hello 进入到 hello 目录，利用命令 make 进行编译，如果编译通过，则在 hello 目录下生成可执行文件 hello。

4. 运行

当需要动态调试时，通过 Linux 环境下，启动 nfs 服务，之后把可执行文件 hello 放到一个共享的文件夹内。在 Linux 的终端下，利用 mount 命令(具体见本部分实验一的实验步骤的第 4 步)挂载 Linux 下的共享文件夹。当把 Linux 主机上的共享目录挂上之后，就可以使用命

令 ./hello，来执行。观察终端的输出。

一般的步骤是，当应用程序的动态调试通过后，就把应用程序的可执行文件，放到 root_tech 目录结构中的/usr/sbin 或/usr/bin 目录下，然后，使用 mkcramfs 制作工具，利用命令 MKCRAMFS root_tech　rootfs.cramfs 来生成新的文件系统。当系统启动后，就可在相应的目录下，执行可执行程序。

Hello 代码在/实验程序/Linux 里面，做试验时，把他们复制到 Linux 系统下的一个文件夹内（我们为了统一处理，在根目录下建立一个 arm830_Linux2410tft 文件夹），把源程序存在这个目录下，然后编译。把生成的可执行文件放到网络文件系统 nfs 目录下。然后利用命令./hello 来执行。

实验六 基于 Linux 的键盘驱动程序的编写

一、实验目的

学习 Linux 下键盘驱动程序的编写方法。

二、实验要求

编写键盘驱动程序,实现键值发送到超级终端。

三、实验设备与环境

PentiumII 以上的 PC 机,Linux 操作系统,EL－ARM－830＋实验箱。

四、实验内容

遵循实验四设备驱动程序的编写步骤编写键盘的驱动程序。

键盘的设备驱动程序属于字符设备的驱动,因此,按照字符设备的规则编写。驱动程序名为 Arm7279_driver.c。

1. 键盘设备文件的 file_operations 结构

```
/*
***************************************************
—函数名称 : struct file_operations Uart2_fops
—函数说明 : 文件结构
—输入参数 : 无
—输出参数 : 无
***************************************************
*/
struct file_operations Kbd7279_fops = {
open:    Kbd7279_Open,    //打开设备文件
ioctl:   Kbd7279_Ioctl,   //设备文件其他操作
release: kbd7279_Close,   //关闭设备文件
};//其他选项省略
/*
***************************************************
```

—函数名称：Kbd7279_Ioctl
—函数说明：键盘控制
—输入参数：无
—输出参数：0
* *
*/
```
static int Kbd7279_Ioctl(struct inode * inode, struct file * file,
                         unsigned int cmd, unsigned long arg)
{
int i;
switch(cmd)
{
case Kbd7279_GETKEY:
return kbd7279_getkey();
default:
        printk("Unkown Keyboard Command ID.\n");
    }
    return 0;
}
/*
```
* *

—函数名称：Kbd7279_Close
—函数说明：关闭键盘设备
—输入参数：无
—输出参数：0
* *
*/
```
static int Kbd7279_Close(struct inode * inode, struct file * file)
{
return 0;
}
/*
```
* *

—函数名称：Kbd7279_Open
—函数说明：打开键盘设备
—输入参数：无
—输出参数：0
* *
*/

```c
static int Kbd7279_Open(struct inode * inode, struct file * file)
{
return 0;
}

/*
****************************************
—函数名称：kbd7279_getkey
—函数说明：获取一个键值
—输入参数：无
—输出参数：-1
****************************************
*/
static int kbd7279_getkey(void)
{
int i,j;
enable_irq(33);
key_number= 0xff;
for (i=0;i<3000;i++)
    for (j=0;j<900;j++);
    //如果有按键按下,返回键值
    return key_number;
}
/*
****************************************
—函数名称：Kbd7279_ISR
—函数说明：键盘服务子程序
—输入参数：irq,dev_id,regs
—输出参数：-1
****************************************
*/
static void kbd_ISR(int irq,void * dev_id,struct pt_regs * regs)
{
    disable_irq(33);
key_number = read7279(cmd_read);
switch(key_number)
{
  case 0x04：
   KeyValue = 0x08;
```

```
            break;
        case 0x05:
            KeyValue = 0x09;
            break;
        case 0x06:
            KeyValue = 0x0A;
            break;
        case 0x07:
            KeyValue = 0x0B;
            break;
        case 0x08:
            KeyValue = 0x04;
            break;
        case 0x09:
            KeyValue = 0x05;
            break;
        case 0x0A:
            KeyValue = 0x06;
            break;
        case 0x0b:
            KeyValue = 0x07;
            break;

        default:
            break;
        }
    printk("key_number=%d\n",KeyValue);
}
```

其中 disable_irq(33);语句中 33 为 irq 的对应的中断号,也就是使用的硬件中断。在本实验中用外部中断 5 作为键盘的触发中断,当键盘按下则外部中断 5 有中断产生,在硬件上则会通知 CPU,但是这又是如何和操作系统联系上呢,即操作系统又是如何知道外部中断 5 的输入键盘产生呢? 这就和操作系统的移植密切相关,在 Linux 中 kernel/include/asm－arm/arch－s3c2410 的目录下的 irqs.h 的文件中,有专门的对中断向量的移植定义,每个中断在操作系统中都有一个中断号,对该号操作,也就是对该硬件中断进行操作。

```
/*
 ************************************************************
 —函数名称：Setup_kbd7279
 —函数说明：键盘设备的硬件初始化函数
 —输入参数：无
```

—输出参数：无
****
*/

```c
void Setup_Kbd7279(void)
{
    int i;
        BWSCON &= ~(3<<16);                              //设定数据总线宽度
    set_gpio_ctrl(clk);                                  //设定模拟 clk
    set_gpio_ctrl(dat);                                  //设定模拟 dat
    set_gpio_ctrl(GPIO_F5|GPIO_MODE_EINT);               //设定外部中断模式
        set_external_irq(33,2,0);                        //设定下降沿触发
        for(i=0;i<100;i++);
}
```

/*
****
—函数名称：int Kbd7279Init(void)
—函数说明：注册键盘设备，调用初始化函数
—输入参数：无
—输出参数：-1
****
*/

```c
int __init Kbd7279_Init(void)
{
    int    result;
printk("\n Registering Kbdboard Device\t--->\t");
result = register_chrdev(KEYBOARD_MAJOR, "Kbd7279", &Kbd7279_fops);
if (result<0)
{
printk(KERN_INFO"[FALLED: Cannot register Kbd7279_driver!]\n");
return result;
}
else
printk("[OK]\n");
printk("Initializing HD7279 Device\t--->\t");
Setup_Kbd7279();
if (request_irq(33,Kbd7279_ISR,0,"Kbd7279","88"))
{
    printk(KERN_INFO"[FALLED: Cannot register Kbd7279_Interrupt!]\n");
```

```
      return -EBUSY;
    }
    else
    printk("[OK]\n");
    printk("Kbd7279 Driver Installed.\n");
    return 0;
}
/*
******************************************
******************************************
    -函数名称：Kbd7279_Exit
    -函数说明：卸载键盘设备
    -输入参数：无
    -输出参数：0
******************************************
******************************************
*/
void __exit Kbd7279_Exit(void)
{
    unregister_chrdev(KEYBOARD_MAJOR,"Kbd7279");
        free_irq(33,"88");
        printk("You have uninstall The Kbd7279 Driver succesfully,\n if you want to install again,please use the insmod command \n");
}

module_init(Kbd7279_Init);        //作为动态模块时调用
module_exit(Kbd7279_Exit);        //作为动态模块时调用
```

2. 将设备驱动编译成驱动模块

使用同一个驱动程序的源代码，当然一定要如下定义某些函数 int __init device_init(void);void __exit device_exit(void);module_init(device_init);module_exit(device_exit);在光盘资料/实验程序/Linux/Key7279/driver 目录下，存放驱动程序的源码和 Makefile 文件以及驱动的目标代码，Makefile 文件中已编写好交叉编译选项，在 Linux 环境下，在终端里，切换到该目录下，使用 make 命令，就能把 arm7279_driver.c 编译成 arm7279_driver.o 动态驱动模块。

当编译通过后，启动 Linux 主机下的 nfs 网络文件系统（具体见第二部分实验一），

把 arm7279_driver.o 文件放到一个主机的共享文件夹下，如/home/nfs 下。

启动主机下的系统工具/终端，在终端下，启动 minicom 程序，配置好参数，实验系统上电，此时主机下的终端有输出，当 Linux 系统正常启动后，利用 ifconfig eth0 命令改变实验系

统的 IP 地址，并且和主机的前三段保持一致，最后一段不同，如：主机为 192.168.0.1，则实验系统可为 192.168.0.5（除 1 外的小于 255 的任意数）。之后，利用 mount - o nolock 192.168.0.1:/home/nfs /mnt/yaffs 命令把主机上存放驱动模块程序的共享的文件目录安装到实验系统的根文件系统下，之后，查看一下，/mnt/yaffs 目录下是否加入了主机上的共享目录下的文件。成功后，键入加载驱动模块命令 insmod arm7279_driver.o，则系统安装上驱动模块，如果在/dev 目录下没有相应的设备文件，就可以使用 mknod Kbd7279 c 50 0 来创建一个设备文件。从而正确使用驱动模块。当卸载驱动模块时，使用 rmmod arm7279_driver 即可。删除设备文件则使用 rm Kbd7279。

由于键盘使用的是中断方式，所以加入了中断请求。

3. 将设备驱动编译进内核

按照实验四，把编好的驱动程序填加内核中去，编译通过后，则驱动程序就安装上了。

五、实验步骤（动态加载）

（1）本实验使用实验教学系统的 CPU 板，在进行本实验时，LCD 电源开关应处在关闭状态。

（2）在 PC 串口和实验箱的 CPU 之间，连接串口电缆，在 PC 网口和实验箱的 CPU 网口之间，连接网口交叉电缆。

（3）在 Linux 系统下，把 arm7279 源程序复制到 Linux 系统下的一个文件夹内（我们为了统一处理，在根目录下建立一个 arm830_Linux2410tft 文件夹，把源程序就存在这个目录下，驱动程序是 arm7279 下面的 driver 文件夹，应用程序是 app_key 文件夹）。分别进入到 drive 和 app_key 目录下，利用命令 make clean 和 make 进行编译。把驱动程序生成的 arm7279_driver.o 和应用程序生成的 Kbd 可执行文件放到网络文件系统 nfs 目录下。如/home/nfs，nfs 为一个新建的文件夹，在终端下使用命令 chmod 777 /home/nfs 改变/home/nfs 文件夹的属性为共享，在终端下输入 minicom －s，配置 minicom 为波特率为 115200，无奇偶校验，8bit。之后，在 minicom 下，给系统上电，系统正常起来后，利用 ifconfig eth0 xxx.xxx.xxx.xxx 来改变实验系统的 IP 地址，让该地址的前三段和主机的前三段一致，最后的一段，可以选择和主机不重复的小于 255 的任意值。例如，主机是 192.168.0.1，则实验系统配置为 ifconfig eth0 192.168.0.5，之后，利用 ping 命令，在实验系统上 ping 192.168.0.1，看看实验系统能否和主机连上。当连通后，在终端中，输入 mount - o nolock 192.168.0.1:/home/nfs /mnt/yaffs 回车，即可完成把主机上的/home/nfs 下的文件挂载到实验系统的/mnt/yaffs 目录下。若不能挂载成功，则按第一章中指出的，要关闭 Linux 的防火墙设置。

（4）挂载成功后，在终端下，使用挂载驱动模块的命令 insmod arm7279_driver.o 当终端上输出

Registering Kbdboard Device －－－＞[OK]。
Initializing HD7279 Device －－－＞[OK]。
Kbd7279 Driver Installed。

则说明驱动模块正常加载。

（5）在终端下，使用卸载驱动模块的命令 rmmod arm7279_driver 当终端上输出

You have uninstall The Kbd7279 Driver succesfully, if you want to install again, please use the insmod command 则说明驱动模块正常卸载。查看文件系统中/dev 目录下是否存在 Kbd7279 设备文件，若没有，使用 mknod /dev/Kbd7279 c 50 0 创建设备文件，该设备文件在系统掉电后，不会重新在/dev 目录下生成，若使系统/dev 目录下保存该设备文件，则在文件系统 root_tech 目录中/usr/etc/rc.local 文件中填加 mknod /dev/Kbd7279 c 50 0 创建设备文件。就可以在/dev 中始终保存着键盘驱动的设备文件。

(6)驱动程序加载成功后，执行命令./kbd。则在终端输出 Open successful。

实验七 基于 Linux 的 LCD 驱动程序的编写

一、实验目的

学习 Linux 下 LCD 驱动程序的编写方法。

二、实验要求

编写 LCD 驱动程序。

三、实验设备

PentiumII 以上的 PC 机,Linux 操作系统,EL-ARM-830+实验箱。

四、实验内容

遵循实验四设备驱动程序的编写步骤编写 LCD 的驱动程序。

LCD 的设备驱动程序属于字符设备的驱动,因此,按照字符设备的规则编写。驱动程序名为 Lcd_driver.c。

1. LCD 设备文件的 file_operations 结构

```
/*
*************************************************
—函数名称：struct file_operations LCD_fops
—函数说明：文件结构
—输入参数：无
—输出参数：无
*************************************************
*/
struct file_operations LCD_fops = {
open： LCD_Open,    //打开设备文件
ioctl： LCD_Ioctl,  //设备文件其他操作
release： LCD_Close, //关闭设备文件
};//其他选项省略
/*
```

```
************************************
—函数名称:static int LCDIoctl(struct inode * inode,struct file * file,unsigned int cmd,unsigned long arg)
—函数说明:LCD 控制输出
—输入参数:
—输出参数:0
************************************
*/
static int LCDIoctl(struct inode * inode,struct file * file,unsigned int cmd,unsigned long arg)
{
   char color;
struct para
{
unsigned long a;
    unsigned long b;
    unsigned long c;
    unsigned long d;
} * p_arg;
    switch(cmd)                    //得到的命令
    {
    case 0:
        printk("set color\n");
        Set_Color(arg);
        printk("LCD_COLOR =%x\n",LCD_COLOR);
        return 1;
case 1:
        printk("draw h_line\n");
        p_arg =(struct para * )arg;
        LCD_DrawHLine(p_arg->a,p_arg->b,p_arg->c);// draw h_line
        LCD_DrawHLine(p_arg->a,p_arg->b+15,p_arg->c);// draw h_line
        LCD_DrawHLine(p_arg->a,p_arg->b+30,p_arg->c);// draw h_line
        return 1;

case 2:
        printk("draw v_line\n");
        p_arg =(struct para * )arg;
        LCD_DrawVLine(p_arg->a,p_arg->b,p_arg->c);// draw v_line
```

```
            LCD_DrawVLine(p_arg->a+15,p_arg->b,p_arg->c); // draw v_line
            LCD_DrawVLine(p_arg->a+30,p_arg->b,p_arg->c); // draw v_line
            return 1;

    case 3:
            printk("drwa circle\n");
            p_arg =(struct para * )arg;
            LCD_DrawCircle(p_arg->a,p_arg->b,p_arg->c);// draw circle
            return 1;

    case 4:
            printk("draw rect\n");
            p_arg =(struct para * )arg;
            LCD_FillRect(p_arg->a,p_arg->b,p_arg->c,p_arg->d);// draw rect
            return 1;

    case 5:
            printk("draw fillcircle\n");
            p_arg =(struct para * )arg;
            LCD_FillCircle(p_arg->a, p_arg->b, p_arg->c);// draw fillcircle
            return 1;

    case 6 :
            printk("LCD is clear\n");
            LCD_Clear(0,0,319,239);       // clear screen
            return 1;

    case 7:
            printk("draw rect\n");
            p_arg =(struct para * )arg;
            LCD_FillRect(p_arg->a,p_arg->b,p_arg->c,p_arg->d); // draw rect
            return 1;
    default:
            return -EINVAL;
    }
    return 1;
}
```

/*
****
—函数名称：void CloseLCD(struct inode * inode, struct file * file)
—函数说明：LCD 关闭
—输入参数：struct inode * inode, struct file * file
—输出参数：0
****
*/
static void CloseLCD(struct inode * inode, struct file * file)
{
　　printk("LCD is closed\n");
　　return ;
}
/*
****
—函数名称：static int OpenLCD(struct inode * inode, struct file * file)
—函数说明：LCD 打开
—输入参数：struct inode * inode, struct file * file
—输出参数：0
****
*/
static int OpenLCD(struct inode * inode, struct file * file)
{
　　printk("LCD is open\n");
　　return 0;
}
/* LCD 设备的硬件初始化函数 */
/* 注册 LCD 设备，调用初始化函数 */
/*
****
—函数名称：int LCDInit(void)
—函数说明：注册 LCD 设备
—输入参数：无
—输出参数：0，或 −EBUSY
****
*/
int __init　LCD_Init(void)
{

```c
    int     result;
    Setup_LCDInit();
    printk("Registering S3C2410LCD Device\t---\t");
    result = register_chrdev(LCD_MAJOR, "S3C2410LCD", &LCD_fops);//注册设备
    if (result<0)
    {
        printk(KERN_INFO"[FALLED: Cannot register S3C2410LCD_driver!]\n");
        return -EBUSY;
    }
    else
        printk("[OK]\n");
    printk("Initializing S3C2410LCD Device\t---\t");
    printk("[OK]\n");
    printk("S3C2410LCD Driver Installed.\n");
    return 0;
}
/*
***************************************************
—函数名称：LCD_Exit
—函数说明：卸载 lcd 设备
—输入参数：无
—输出参数：无
***************************************************
*/
void __exit LCDdriver_Exit(void)
{
        Lcd_CstnOnOff(0);
        unregister_chrdev(LCD_MAJOR, "S3C2410LCD");
        printk("You have uninstall The LCD Driver succesfully,\n if you want to install again,please use the insmod command \n");
}
module_init(LCD_Init);
module_exit(LCDdriver_Exit);
```

2. 将设备驱动编译成驱动模块

使用同一个驱动程序的源代码，当然一定要如下定义某些函数 int __init device_init(void); void __exit device_exit(void); module_init(device_init); module_exit(device_exit); 在

实验程序/Linux/lcddriver/driver 目录下,存放驱动程序的源码和 Makefile 文件以及驱动的目标代码,Makefile 文件中已编写好交叉编译选项,在 Linux 环境下,在终端里,切换到该目录下,使用 make 命令,就能把 Lcd_driver.c 编译成 Lcd_driver.o 动态驱动模块。

当编译通过后,启动 Linux 主机下的 nfs 网络文件系统(具体见实验一),把 Lcd_driver.o 文件放到一个主机的共享文件夹下,如/home/nfs 下。启动主机下的系统工具/终端,在终端下,启动 minicom 程序,配置好参数,实验系统上电,此时主机下的终端有输出,当 Linux 系统正常启动后,利用 ifconfig eth0 命令改变实验系统的 IP 地址,并且和主机的前三段保持一致,最后一段不同,如:主机为 192.168.0.1,则实验系统可为 192.168.0.5(除 1 外的小于 255 的任意数)。之后,利用 mount - o nolock 192.168.0.1:/home/nfs /mnt/yaffs 命令把主机上存放驱动模块程序的共享的文件目录安装到实验系统的根文件系统下,之后,查看一下,/mnt/yaffs 目录下是否加入了主机上的共享目录下的文件。成功后,键入加载驱动模块命令 insmod Lcd_driver.o,则系统安装上驱动模块,如果在/dev 目录下没有相应的设备文件,就可以使用 mknod S3C2410LCD c 60 0 来创建一个设备文件。从而正确使用驱动模块。当卸载驱动模块时,使用 rmmod Lcd_driver 即可。删除设备文件则使用 rm S3C2410LCD。

由于 LCD 没有使用外部中断方式,所以没有中断请求。

3. 将设备驱动编译进内核

按照实验四,把编好的驱动程序填加内核中去,编译通过后,则驱动程序就安装上了。

五、实验步骤(动态加载)

(1) 本实验使用实验教学系统的 CPU 板,在进行本实验时,LCD 电源开关应处在关闭状态。

(2) 在 PC 串口和实验箱的 CPU 之间,连接串口电缆,在 PC 网口和实验箱的 CPU 网口之间,连接网口交叉电缆。

(3) 在 Linux 系统下,把 Lcddriver 源程序复制到 Linux 系统下的一个文件夹内(我们为了统一处理,在根目录下建立一个 Linux2410 文件夹),把源程序就存在这个目录下,驱动程序是 Lcddriver 下面的 driver 文件夹,应用程序是 app_lcdd 文件夹。分别进入到 drive 和 app_lcdd 目录下,利用命令 make clean 和 make 进行编译。把驱动程序生成的 Lcd_driver.o 可执行文件放到网络文件系统 nfs 目录下。如/home/nfs,nfs 为一个在 Linux 系统下,把 LCD_driver.o 放到共享的文件夹内,如/home/nfs,nfs 为一个新建的文件夹,在终端下使用命令 chmod 777 /home/nfs 改变/home/nfs 文件夹的属性为共享,在终端下输入 minicom －s,配置 minicom 为波特率为 115200,无奇偶校验,8bit。之后,在 minicom 下,给系统上电,系统正常起来后,利用 ifconfig eth0 xxx.xxx.xxx.xxx 来改变实验系统的 IP 地址,让该地址的前三段和主机的前三段一致,最后的一段,可以选择和主机不重复的小于 255 的任意值。例如,主机是 192.168.0.1,则实验系统配置为 ifconfig eth0 192.168.0.5,之后,利用 ping 命令,在实验系统上 ping 192.168.0.1,看看实验系统能否和主机连上。当连通后,在终端中,输入 mount - o nolock 192.168.0.1:/home/nfs /mnt/yaffs 回车,即可完成把主机上的/home/nfs 下的文件挂载到实验系统的/mnt/yaffs 目录下。若不能挂载成功,则按本部分实验一中指出的,要关闭 Linux 的防火墙设置。

(4)挂载成功后,在终端下,使用挂载驱动模块的命令 insmod Lcd_driver.o 当终端上输出
Registering S3C2410LCD Device ——— >[OK]
Initializing S3C2410LCD Device ——— >[OK]
S3C2410LCD Driver Installed.则说明驱动模块正常加载。

(5)在终端下,使用卸载驱动模块的命令 rmmod LCD_driver 当终端上输出
You have uninstall The LCD Driver succesfully,if you want to install again,please use the insmod command 则说明驱动模块正常卸载。查看文件系统中/dev 目录下是否存在 S3C2410LCD 设备文件,若没有,使用 mknod /dev/S3C2410LCD c 60 0 创建设备文件,该设备文件在系统掉电后,不会重新在/dev 目录下生成,若使系统/dev 目录下保存该设备文件,则在文件系统 root_tech 目录中/usr/etc/rc.local 文件中填加 mknod /dev/S3C2410LCD c 60 0 创建设备文件。就可以在/dev 中始终保存着键盘驱动的设备文件。

实验八 基于 Linux 的键盘应用程序的编写

一、实验目的

学习 Linux 下键盘的应用程序编写方法。

二、实验要求

编写键盘的应用程序,实现按下的键值发送到超级终端显示。

三、实验设备与环境

PentiumII 以上的 PC 机,串口线,Linux 操作系统,Windows 操作系统 EL－ARM－830＋试验箱,公母头串口线。

四、实验内容

(一)键盘的应用程序的编写

应用程序名为 KBD.c,详细代码说明:

```
#include <stdio.h>
#include <stdlib.h>
#include <sys/ioctl.h>
#include <unistd.h>

main(int argc, char * * argv)
{
    int fd;

    if ((fd = open("/dev/Kbd7279", 0)) < 0)
    {
        printf("cannot open /dev/Kbd7279\n");
        exit(0);
    };
```

```
for(;;)
    ioctl(fd, 0, 0);
close(fd);
}
```
打开键盘的驱动程序后,利用驱动程序读取键值。把读到的键值通过串口发送到超级终端上显示。

(二)将应用程序动态调试

键盘的应用程序,应该在加入键盘驱动之后使用,否则,无法正常运行!当动态加载好驱动或把驱动编进内核中去后,也可以使用两种方法运行应用程序。本实验使用动态调试法。

实验程序/Linux/Key7279/app_key/目录下的 Makefile 文件编译好应用程序后,将可执行文件 kbd,放到主机下的共享目录/home/nfs 下,利用 ifconfig eth0 命令改变实验系统的 IP 地址,并且和主机的前三段保持一致,最后一段不同,如:主机为 192.168.0.1,则实验系统可为 192.168.0.5(除 1 外的小于 255 的任意数)。利用 mount - o nolock 192.168.0.1:/home/nfs /mnt/yaffs 命令把主机上存放应用程序的共享的文件目录安装到实验系统的根文件系统下,之后,查看一下,/mnt/yaffs 目录下是否加入了主机上的共享目录下的文件。成功后,键入执行命令 ./kbd,则主机终端有 Open successful 输出之后,按实验系统的键盘,通过串口线在 minicom 中则会输出键值。

(三)将应用程序加入文件系统

编译成功后,把可执行文件,放到存放文件系统 root_tech 的 usr/sbin 目录或者 usr/bin 目录下之后,使用 mkcramfs 制作工具,利用命令 MKCRAMFS root_tech rootfs.cramfs 来生成新的文件系统。之后把它通过网口烧下载到 flash 中,当系统启动后,就可在 usr/sbin 目录或者 usr/bin 目录下,执行可执行程序。

七、实验步骤

(1) 本实验使用实验教学系统的 CPU 板,在进行本实验时,LCD 电源开关应处在关闭状态。

(2) 在 PC 串口和实验箱的 CPU 之间,连接串口电缆,在 PC 网口和实验箱的 CPU 网口之间,连接网口交叉电缆。

(3) 在 Linux 系统下,把 arm7279 源程序复制到 Linux 系统下的一个文件夹内(我们为了统一处理,在根目录下建立一个 Linux2410 文件夹,把源程序就存在这个目录下,驱动程序是 arm7279 下面的 driver 文件夹,应用程序是 app_key 文件夹)。分别进入到 drive 和 app_key 目录下,利用命令 make clean 和 make 进行编译。把应用程序生成的 Kbd 可执行文件放到网络文件系统 nfs 目录下,如/home/nfs,nfs 为一个新建的文件夹,在终端下使用命令 chmod 777 /home/nfs 改变/home/nfs 文件夹的属性为共享,在终端下输入 minicom -s,配置 minicom 为波特率为 115200,无奇偶校验,8bit。之后,在 minicom 下,给系统上电,系统正常起来后,利用 ifconfig eth0 xxx.xxx.xxx.xxx 来改变实验系统的 IP 地址,让该地址的前三段和主机的前三段一致,最后的一段,可以选择和主机不重复的小于 255 的任意值。例如,主机是 192.

168.0.1，则实验系统配置为 ifconfig eth0 192.168.0.5，之后，利用 ping 命令，在实验系统上 ping 192.168.0.1，看看实验系统能否和主机连上。当连通后，在终端中，输入 mount －o nolock 192.168.0.1:/home/nfs /mnt/yaffs 回车，即可完成把主机上的/home/nfs 下的文件挂载到实验系统的/mnt/yaffs 目录下。若不能挂载成功，则按本部分实验一中指出的，要关闭 Linux 的防火墙设置。

(4)挂载成功后，在终端下，键入执行命令./kbd，则在终端中输出 Open successful 输出。(驱动模块首先要加载)按键盘，在终端中输出相应的键值。

实验九 基于 Linux 的基本绘图应用程序的编写

一、实验目的

学习 Linux 下应用程序的编写方法。

二、实验要求

编写简单的 LCD 应用程序,实现在 LCD 上的基本图形显示,颜色变换。

三、实验设备

PentiumII 以上的 PC 机,EL－ARM－830＋实验箱,串口线,Linux 操作系统,交叉网线。

四、实验内容

(一)LCD 应用程序的编写

应用程序名为 app_lcd.c,详细代码说明

```
#include <stdio.h>
#include <stdlib.h>
#include <sys/ioctl.h>
#include <unistd.h>

int main()
{
    int fd,i;
    int rt;
    int cmd,arg0;
        char enter_c;
        unsigned long arg_G,arg_B,arg_R,arg_Y,arg_W,arg_K,arg_CY;

    struct arg
    {
        unsigned long a;
        unsigned long b;
```

```c
        unsigned long c;
        unsigned long d;
};
    struct arg arg1 = {0,120,300,0};
    struct arg arg2 = {140,0,239,0};
    struct arg arg3 = {100,100,50,0};
    struct arg arg4 = {0,0,319,239};
    struct arg arg5 = {240,100,60,0};
    struct arg arg6 = {0,0,319,239};
    struct arg arg7 = {40,170,100,200};

    arg_G = 0x00FF00;
    arg_R = 0xFF0000;
    arg_B = 0x0000FF;
    arg_Y = 0xAAAA00;
    arg_W = 0xFFFFFF;
    arg_K = 0x000000;
    arg_CY = 0x808080;

if ((fd = open("/dev/S3C2410LCD", 0)) < 0)
{
    printf("cannot open /dev/S3C2410LCD\n");
    exit(0);
};
do{
    cmd = getchar();
    switch (cmd)
    {
        case 49:
        enter_c = getchar();
        rt = ioctl(fd, 0,arg_R); // set RED
        cmd = 0;
        break;
        case 50:
        enter_c = getchar();
        rt = ioctl(fd, 0,arg_G); //  set GREEN
        break;
        case 51:
        enter_c = getchar();
```

```c
            rt = ioctl(fd, 0,arg_B); // set BLUE
            cmd = 0;
            break;
    case 52:
            enter_c = getchar();
            rt = ioctl(fd, 0,arg_Y); // set YELLOW
            cmd = 0;
            break;

    case 53:
            enter_c = getchar();
            rt = ioctl(fd, 0,arg_W); // set WHITE
            cmd = 0;
            break;
    case 54:
            enter_c = getchar();
            rt = ioctl(fd, 0,arg_K); // set BLACK
            cmd = 0;
            break;
    case 55:
            enter_c = getchar();
            rt = ioctl(fd, 0,arg_CY); // set CYNE
            cmd = 0;
            break;

    case 'a':
            enter_c = getchar();
            rt = ioctl(fd, 1,(unsigned long )&arg1); // draw h_line
            cmd = 0;
            break;
    case 'b':
            enter_c = getchar();
            rt = ioctl(fd, 2,(unsigned long )&arg2); // draw v_line
            cmd = 0;
            break;
    case 'c':
            enter_c = getchar();
            rt = ioctl(fd, 3,(unsigned long )&arg3); // draw circle
            cmd = 0;
```

```
                break;
        case 'd':
                enter_c = getchar();
                rt = ioctl(fd, 4,(unsigned long )&arg4); // draw rect
                cmd = 0;
                break;
        case 'e':
                enter_c = getchar();
                rt = ioctl(fd, 5,(unsigned long )&arg5);// draw fillcircle
                cmd = 0;
                break;
        case 'f':
                enter_c = getchar();
                rt = ioctl(fd, 6,(unsigned long )&arg6); // clear screen
                cmd = 0;
                break;
        case 'g':
                enter_c = getchar();
                rt = ioctl(fd, 7,(unsigned long )&arg7); // draw rect
                cmd = 0;
                break;
        default:
                break;
        }
    }while(cmd ! = 'q');                              // "q" is quit command
        close(fd);
}
```

该程序从 Linux 终端中输入字符,在 LCD 屏上显示不同的颜色、显示画圆、画线、画点、填充圆、填充矩形等基本的 LCD 操作。

(二)将应用程序动态调试

LCD 的应用程序,应该在加入 LCD 驱动之后使用,否则,无法正常运行!当动态加载好驱动或把驱动编进内核中去后,也可以使用两种方法运行应用程序。本实验使用动态调试法。

在使用光盘资料/实验程序/Linux/lcddriver/app_lcd/目录下的 Makefile 文件编译好应用程序后,将可执行文件 app_lcd,放到主机下的共享目录/home/nfs 下,利用 ifconfig eth0 命令改变实验系统的 IP 地址,并且和主机的前三段保持一致,最后一段不同,如:主机为 192.168.0.1,则实验系统可为 192.168.0.5(除 1 外的小于 255 的任意数)。利用 mount - o nolock 192.168.0.1:/home/nfs /mnt/yaffs 命令把主机上存放应用程序的共享的文件目录安装到实验系统的根文件系统下,之后,查看一下,/mnt/yaffs 目录下是否加入了主机上的共享目录下的文件。成功后,键入执行命令 ./app_lcd,则主机终端有 Open successful 输出之后,就可以输入控制命令,在 LCD 屏开始显示。

(三)将应用程序加入文件系统

编译成功后,把可执行文件,放到存放文件系统 root_tech 的 usr/sbin 目录或者 usr/bin 目录下之后,使用 mkcramfs 制作工具,利用命令 MKCRAMFS root_tech rootfs.cramfs 来生成新的文件系统。之后把它通过网口烧下载到 flash 中,当系统启动后,就可在 usr/sbin 目录或者 usr/bin 目录下,执行可执行程序。

五、实验步骤

(1)本实验使用实验教学系统的 CPU 板、LCD 屏,在进行本实验时,打开 LCD 电源开关。

(2)在 PC 串口和实验箱的 CPU 之间,连接串口电缆,在 PC 网口和实验箱的 CPU 网口之间,连接网口交叉电缆。

(3)在 Linux 系统下,把 Lcddriver 源程序复制到 Linux 系统下的一个文件夹内(我们为了统一处理,在根目录下建立一个 Linux2410 文件夹,源程序就存在这个目录下,驱动程序是 Lcddriver 下面的 driver 文件夹,应用程序是 app_lcdd 文件夹)。分别进入到 drive 和 app_lcdd 目录下,利用命令 make clean 和 make 进行编译。把驱动程序生成的 Lcd_driver.o 和应用程序生成的 app_lcdd 可执行文件放到网络文件系统 nfs 目录下。如/home/nfs,nfs 为一个新建的文件夹,在终端下使用命令 chmod 777 /home/nfs 改变/home/nfs 文件夹的属性为共享,在终端下输入 minicom －s,配置 minicom 为波特率为 115200,无奇偶校验,8bit。之后,在 minicom 下,给系统上电,系统正常起来后,利用 ifconfig eth0 xxx.xxx.xxx.xxx 来改变实验系统的 IP 地址,让该地址的前三段和主机的前三段一致,最后的一段,可以选择和主机不重复的小于 255 的任意值。例如,主机是 192.168.0.1,则实验系统配置为 ifconfig eth0 192.168.0.5,之后,利用 ping 命令,在实验系统上 ping 192.168.0.1,看看实验系统能否和主机连上。当连通后,在终端中,输入 mount － o nolock 192.168.0.1:/home/nfs /mnt/yaffs 回车,即可完成把主机上的/home/nfs 下的文件挂载到实验系统的/mnt/yaffs 目录下。若不能挂载成功,则按第一章中指出的,要关闭 Linux 的防火墙设置。

(4)挂载成功后,在终端下,键入执行命令./app_lcdd,则在终端中输出 LCD is open。(驱动模块首先要加载)

(5)打开 LCD 屏的电源开关。输入"1","2","3","4","5","6","7",来选择要进行绘画的颜色,1 对应着红,2 对应着绿,3 对应着蓝,4 对应着黄,5 对应着白,6 对应着黑,7 对应着浅蓝。输入"a","b","c","d","e","f","g",则显示要画的实体。a 对应着画水平线,b 对应着画竖直线,c 对应着画圆,d 对应着填充全屏,e 对应着填充圆,f 对应着清屏,g 对应着填充矩形。"q"则退出应用程序。

(6)程序启动后应先选择颜色,即先输入 1,2,3,4,5,6,7,中的一个,然后回车。之后,再输入画实体的字符,回车,观察实验效果,然后输入改变颜色的字符,回车,再输入相同的画实体字符,观察颜色是否改变。输入字符"q",则退出应用程序。

实验十 基于 Linux 的跑马灯应用程序的编写

一、实验目的

学习 Linux 下跑马灯应用程序的编写方法。

二、实验要求

编写跑马灯应用程序程序,实现 LED 灯的轮流显示。

三、实验设备与环境

PentiumII 以上的 PC 机,串口线,Linux 操作系统,EL-ARM-830+实验箱。

四、实验内容

(一)跑马灯应用程序的编写

应用程序名为 LED.c,代码见实验程序/Linux/user_led/led.c。

(二)将应用程序动态调试

实验程序/Linux/user_led/目录下的 Makefile 文件编译好应用程序后,将可执行文件 led,放到主机下的共享目录/home/nfs 下,利用 ifconfig eth0 命令改变实验系统的 IP 地址,并且和主机的前三段保持一致,最后一段不同,如:主机为 192.168.0.1,则实验系统可为 192.168.0.5(除 1 外的小于 255 的任意数)。利用 mount - o nolock 192.168.0.1:/home/nfs /mnt/yaffs 命令把主机上存放应用程序的共享的文件目录安装到实验系统的根文件系统下,之后,查看一下,/mnt/yaffs 目录下是否加入了主机上的共享目录下的文件。成功后,键入执行命令 ./led,则主机终端有 LED round show in the EL-ARM-830+ 等输出之后,就可以输入控制命令,LED 灯开始显示。

(三)将应用程序加入文件系统

编译成功后,把可执行文件 led,放到存放文件系统 root_tech 的 usr/sbin 目录或者 usr/bin 目录下.之后,使用 mkcramfs 制作工具,利用命令 MKCRAMFS root_tech rootfs.cramfs 来生成新的文件系统。之后把它通过网口烧下载到 flash 中,当系统启动后,就可在 usr/sbin 目录或者 usr/bin 目录下,执行可执行程序。

在代码中,实现了 8 个 led 灯闪烁的时间间隔的设定,同时也实现了闪烁方向的设定。通过给数据缓存寄存器写入的值的不同来控制闪烁方向,通过给数据缓存器写入值的时间间隔来控制闪烁的时间间隔,以此达到控制 8 个 LED 灯的目的。

五、实验步骤

(1)本实验使用实验教学系统,在进行本实验时,LCD 电源开关应处在关闭状态。

(2)在 PC 串口和实验箱的 CPU 之间,连接串口电缆,在 PC 网口和实验箱的 CPU 网口之间,连接网口交叉电缆。

(3)在 Linux 系统下,把 led 放到共享的文件夹内,在 Linux 系统下,把 kbd 放到共享的文件夹内,如/home/nfs,nfs 为一个新建的文件夹,在终端下使用命令 chmod 777 /home/nfs 改变/home/nfs 文件夹的属性为共享,在终端下输入 minicom －s,配置 minicom 为波特率为 115200,无奇偶校验,8bit。之后,在 minicom 下,给系统上电,系统正常起来后,利用 ifconfig eth0 xxx.xxx.xxx.xxx 来改变实验系统的 IP 地址,让该地址的前三段和主机的前三段一致,最后的一段,可以选择和主机不重复的小于 255 的任意值。例如,主机是 192.168.0.1,则实验系统配置为 ifconfig eth0 192.168.0.5,之后,利用 ping 命令,在实验系统上 ping 192.168.0.1,看看实验系统能否和主机连上。当连通后,在终端中,输入 mount －o nolock 192.168.0.1:/home/nfs /mnt/yaffs 回车,即可完成把主机上的/home/nfs 下的文件挂载到实验系统的/mnt/yaffs 目录下。若不能挂载成功,则按第一章中指出的,要关闭 Linux 的防火墙设置。进入 led 目录下,直接 make 编译文件,把生成的 led 可执行文件挂载到 nfs 目录下。

(4)挂载成功后,在终端下,键入执行命令./led,则在终端中首先输出 LED round show in the EL_ARM830＋,Please enter the number 1 or 2 or 3 or 4 and L or R then Enter！以及 Such as 1L or 2L or 3L or 4L or 1R or 2R or 3R or 4R,then Enter！等输出。其中 1,2,3,4,是选择 led 闪烁的时间间隔,数值越小,闪烁间隔越短。L(l)和 R(r)则选择 led 闪烁的方向。L(l)则确定闪烁方向为向左,R(r)则确定闪烁方向向右。闪烁总是一次闪烁 8 下,即从一头到另一头,回车键敲一次,则闪烁 8 下。和时,如选择"1"敲回车,输入选择时间间隔,之后,选择"L",敲回车,输入选择方向等等。当需要改变方向和时间间隔时,需要先输入字符"q",之后连续敲回车键两次,则可以重新选择参数。当需要退出应用程序时,输入 q,回车,再输入 q,再回车,则退出应用程序。

附录　烧写启动代码

在做 HardBoot 和 Linux 实验时，要使用 Jflash－S3C2410 软件、Jflash 电缆，把实验软件 vivi(HardBoot.bin)，下载到 NANFLASH 里，该文件是一个做 Linux 或是硬件实验的启动代码。

Sjf2410 软件安装使用说明：

一、并口驱动安装与设置

将 LoadDrv 目录下的 giveio.sys 拷贝到 xx:\WINDOWS\system32\drivers 下，运行 loaddrv.exe，在目录后添加 giveio.sys，如图 1 所示。

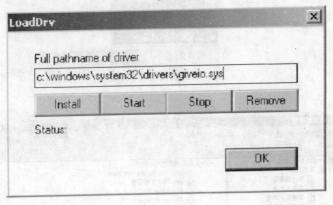

图　1

依次点击 Install、Start，会提示 Status: Service already running，设置成功的信息。如果未出项上面设置成功的信息，桌面上右击"我的电脑"，选中"管理"，选择"设备管理器"选项卡，如图 2 所示。

点击"查看"，选择"显示隐藏的设备"，如图 3 所示。

设备列表中便会出现"非即插即用驱动程序"，在其中选择右击"giveio"项，如图 4 所示，如果不出现"giveio"，打开设置-控制面板-添加硬件-"选择'是，我已经连接了此硬件'"-添加新的硬件设备-安装手动从列表中选择硬件-端口(com 和 LPT)。

右击弹出菜单选择属性，如图 5 所示。

将"类型"栏改为"自动"，避免每次使用都要设置，完成驱动的安装。

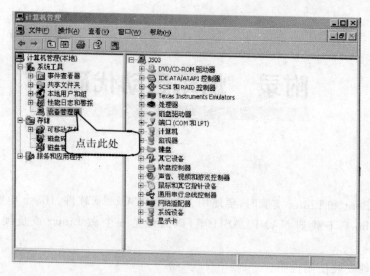

图 2

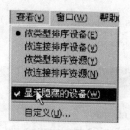

图 3

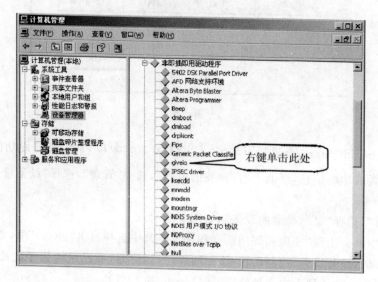

图 4

第二部分 Linux 操作系统的 ARM 实验

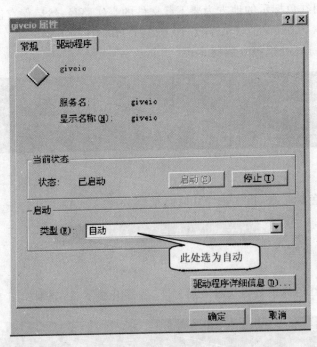

图 5

二、软件使用说明

用 Jflash 电缆连接 CPU 板的 JTAG 接口和电脑的并口。将要下载的文件 vivi 和 sjf2410.exe 放在 C 盘根目录下；然后点击桌面上的开始—运行，输入 cmd，确定。如图 6 所示。

图 6

在命令提示符(cd..)下，进入到 C 盘根目录。

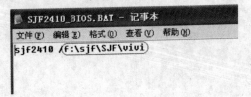

图 7

— 159 —

如图 7 所示,用红色标示的地方为要下载文件的真实路径;然后保存退出;
输入命令:sjf2410.exe /f: vivi (sjf2410.exe /f:HardBoot.bin)
如图 8 处红色标计处选择 0 后回车;

图 8

如图 9 所示红色标记处,再次选择 0 后回车。

图 9

如图 10 所示,红色标记处再选择 0 后回车,程序开始下载;分别如图 11,图 12 所示。

图 10

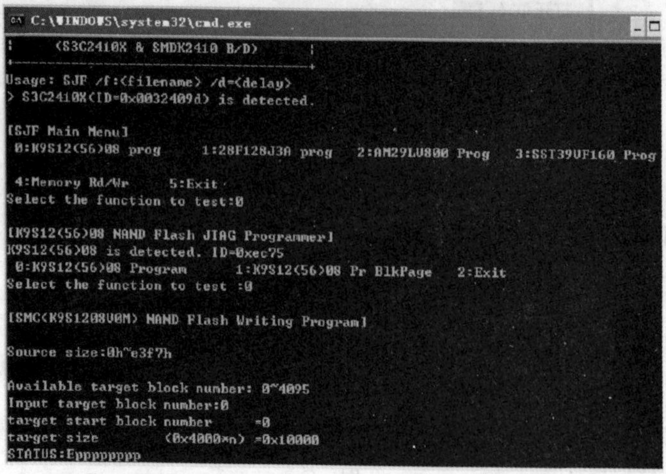

图 11

第二部分 Linux 操作系统的 ARM 实验

图 12

这时可以选择 2 退出，这样启动代码就被下载到 ARM 板的 flash 中了。

如果现在系统的启动代码是 vivi，我们可以利用 vivi 直接烧写 HardBoot 到 NANDFLASH 中。

打开超级终端，进入 vivi，等出现 vivi> 时输入 load flash vivi x 回车（使用 xmode 协议下载 hardboot 到开发板），点击超级终端的 传送—发送文件 设置如图 13 所示。

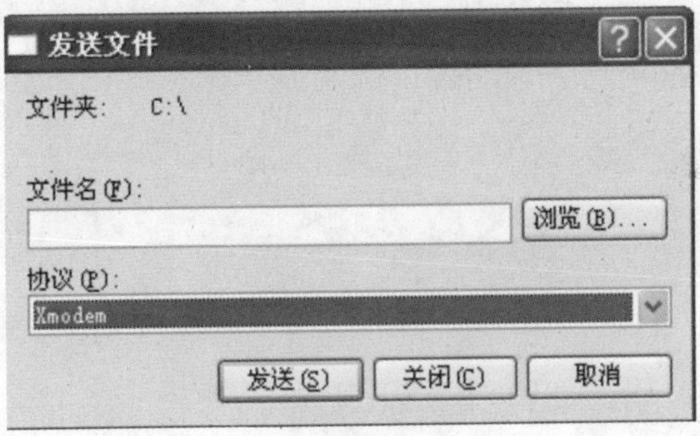

图 13

点击"浏览"找到 C:\ARM\2410forARM830＋\试验程序\试验\ARM 实验软件\startup_code 中的 Hardboot 点击"确定"，然后发送。等发送完毕后，按 CPU 板复位键的同时按电脑的空格键就不会进入 vivi 状态。这时实验板上的启动程序是 HardBoot，而不是 vivi。

参 考 文 献

[1] 侯殿华,才华.ARM 嵌入式 C 编程标准教程[M].北京:人民邮电出版社,2010.
[2] 黄智伟,邓月明,王彦.ARM9 嵌入式系统设计基础教程[M].北京:北京航空航天大学出版社,2008.
[3] 陈渝.嵌入式系统原理及应用开发[M].北京:机械工业出版社,2008.
[4] 周立功.ARM 与嵌入式系统基础试验教程(1)[G].广州:广州周立功单片机发展有限公司,2004.
[5] 周立功.ARM 与嵌入式系统基础试验教程(3)[G].广州:广州周立功单片机发展有限公司,2004.
[6] 田泽.ARM9 嵌入式开发实验与实践[M].北京:电子工业出版社,2004.
[7] 孙纪坤.嵌入式 Linux 系统开发技术详解—基于 ARM[M].北京:人民邮电出版社,2006.
[8] 许海雁.嵌入式系统技术与应用[M].北京:机械工业出版社,2002.
[9] 魏洪兴.嵌入式系统设计师教程[M].北京:清华大学出版社 2006.

QIANRUSHI XITONG SHIYAN BAOGAO

嵌入式系统实验报告

专　业　_____
班　级　_____
学　号　_____
姓　名　_____

西北工业大学出版社

实验报告要求

实验报告以书面反映实验完成的内容及过程。整理记录实验数据、波形、结果，分析实验现象，表述实验方法、条件、结论等，全方位反映实验效果。要求必须认真做好。

实验报告的内容应符合实验指导书的要求，应包括以下内容：

1. 实验目的。
2. 实验使用仪器设备。
3. 实验工作原理。
4. 对完成的实验内容逐项简述方法，并分析检验结果，写出实验结论及实验程序分析。
5. 心得体会及思考题解答。

编 者

2017 年 9 月

嵌入式系统实验报告

实验名称 _____

实验日期 _____ 组别 _____ 评分 _____

嵌入式系统实验报告

嵌入式系统实验报告

实验名称 _____

实验日期 _____ 组别 _____ 评分 _____

嵌入式系统实验报告

实验名称 _____

实验日期 _____ 组别 _____ 评分 _____

嵌入式系统实验报告

实验名称 _____

实验日期 _____ 组别 _____ 评分 _____

嵌入式系统实验报告

实验名称 _____

实验日期 _____ 组别 _____ 评分 _____

嵌入式系统实验报告

实验名称 _____

实验日期 _____ 组别 _____ 评分 _____

嵌入式系统实验报告

嵌入式系统实验报告

嵌入式系统实验报告

实验名称 _____

实验日期 _____ 组别 _____ 评分 _____

嵌入式系统实验报告

实验名称 _____

实验日期 _____ 组别 _____ 评分 _____

嵌入式系统实验报告

实验名称 _____

实验日期 _____ 组别 _____ 评分 _____